21世纪应用型本科系列教材

电子装调实训教程

主编　谢　檬　王　娟

西安交通大学出版社
XI'AN JIAOTONG UNIVERSITY PRESS

内 容 提 要

电子装调实训是一门实践性、实用性很强的课程，主要以了解、熟悉和掌握电子信息技术基础技能为目的，并结合教育部对高等教育、对学生实训和设计能力的基本要求，着重在对学生实践创新基础能力的培养。本书以介绍基本电子工艺知识和电子装调技能为主，对电子电路制作过程及相关工艺做了比较全面的介绍。全书共 6 章，内容分别为常用电子元器件的识别、测量、选用和故障判断，常用仪器仪表的使用，焊接工艺的介绍，电子产品的组装和调试，电子装调实例，仿真软件的介绍。

本书内容较为详实，即可作为理工科学生参加电子装调实训实习的教材，也可以作为电子创新实践、电子竞赛、课程设计、毕业实践等实践类活动的使用指导书。

图书在版编目(CIP)数据

电子装调实训教程/谢檬，王娟主编. —西安：
西安交通大学出版社，2017.8(2020.9 重印)
ISBN 978 - 7 - 5605 - 9841 - 3

Ⅰ.①电…　Ⅱ.①谢…②王…　Ⅲ.①电子设备-装配(机械)-高等职业教育-教材　②电子设备-调试方法-高等职业教育-教材　Ⅳ.①TN805

中国版本图书馆 CIP 数据核字(2017)第 161790 号

书　　名	电子装调实训教程	
主　　编	谢　檬　王　娟	
责任编辑	任振国　王　榛	
出版发行	西安交通大学出版社	
	(西安市兴庆南路 1 号　邮政编码 710048)	
网　　址	http://www.xjtupress.com	
电　　话	(029)82668357　82667874(发行中心)	
	(029)82668315 (总编办)	
传　　真	(029)82668280	
印　　刷	西安日报社印务中心	
开　　本	787mm×1092mm　1/16　　印张 9.5　　字数 225 千字	
版次印次	2018 年 1 月第 1 版　2020 年 9 月第 3 次印刷	
书　　号	ISBN 978 - 7 - 5605 - 9841 - 3	
定　　价	23.00 元	

读者购书、书店添货，如发现印装质量问题，请与本社发行中心联系、调换。
订购热线：(029)82665248　(029)82665249
投稿热线：(029)82664954
读者信箱：jdlgy@yahoo.cn

Foreword 前言

　　电子装调实训是工科电子信息、电气工程等电类专业一门重要的实训基础课，具有工程实践性很强的特点。本书针对应用技术型本科的特点，结合教育部对学生实训和设计能力的基本要求，在注重基础知识的理论教学前提下，重点着眼于工程实践应用能力培养，以作者多年来从事应用技术型本科电子技术基础实践教学的积累，在对教学内容的优化和教学手段的探索与改革，经本校数届学生的使用改进后的基础上完成了本书的编写。

　　全书共6章内容，主要分为基础部分，实例部分，软件仿真部分。基础部分主要介绍了常用电子元器件的相关知识，常用仪器仪表的使用，以及电子装调的焊接知识等，从而增强同学们的实践基础知识；实例部分主要介绍了4个具体实例，通过对设计过程的叙述达到启发学习的目的；软件仿真部分介绍了Multisim和Protel两种不同的电路设计仿真软件，拓展同学们与电子技术相关知识的学习和应用设计。

　　本书由谢檬担任主编，负责组织编写和定稿工作，王娟担任副主编协助主编工作。各章的编写工作具体分工如下：谢檬编写了第1、2章，王娟编写了第3、4、5、6章。在编写过程中，西安交通大学城市学院电气与信息工程系部分教师参与了讨论并提出了宝贵意见。西安交通大学赵录怀教授审阅了全稿，并提出了许多修改意见，西安交通大学出版社和学院领导给予了莫大的支持，在此，谨致以衷心的感谢。

　　由于编者水平有限，不足之处在所难免，恳请读者批评指正。

编　者

2017年5月

Contents 目录

第1章　常用电子元器件

电子元器件是组成电子电路最关键、最核心也是最基本的部分,只有熟悉电子元器件的性能特点,才能合理地选用电子元器件。因此,选用适合的电子元器件也是电子电路设计成功的一半,尤其是常用元器件的特性更应该烂熟于心。

常用的电子元器件品种繁多,型号规格也有所不同,通常可将其分为无源元器件(元件)和有源元器件(器件)两类。

(1)无源元器件。在电路中只需要输入信号,不需要外加电源就能正常工作的一类元器件,例如电阻器、电容器、电感器、变压器、二极管、扬声器、开关键、接插件等。

(2)有源元器件。在电路中除了输入信号外,必须接有工作电源才能正常工作的一类元器件,例如三极管、晶闸管、集成电路、显像管等。

有源元器件和无源元器件对电路的工作条件、要求、工作方式完全不同,大家在学习的过程中必须十分注意。本章主要学习一些常用电子元器件的基本知识。

1.1　电阻器和电位器

电荷在导体内运动所遇到的阻力称为电阻,具有一定电阻值的器件称为电阻器,简称电阻。电阻在电路中的主要作用是稳定和调节电路中的电流和电压,即降压、分压或分流,还可以与其他元件组合成耦合、滤波、反馈、补偿等不同功能的单元电路,在一些特殊电路中用作负载。

由电阻体和滑动或转动系统组成的可变电阻器称为电位器。电位器在电路中主要通过即时改变电阻值来起到分压、分流作用。

在电路中,电阻器通常用字母"R"加数字的形式表示,电位器常用符号"W"加数字的形式表示。

常见电阻器和电位器实物如图1-1所示,常见电阻器和电位器电路符号如图1-2所示。

图1-1　常见电阻器和电位器实物图

(a)金属膜电阻；(b)碳膜电阻；(c)贴片电阻；(d)线绕电阻；

(e)双联电位器；(f)旋钮电位器；(g)直滑电位器；(h)微调电位器

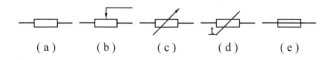

图1-2　常见电阻器和电位器电路符号

(a)一般符号；(b)电位器；(c)可变电阻；(d)热敏电阻；(e)熔断电阻

1.1.1　电阻器和电位器的分类

1.电阻器的分类

按制造工艺和材料分类：合金型、薄膜型和合成型。其中，薄膜型又分为碳膜、金属膜和金属氧化膜等。

按使用范围分类：通用型、精密型、高阻型、高压型、高频无感型和特殊电阻。其中，特殊电阻又分为光敏电阻、热敏电阻、压敏电阻等。

按导电体的结构特征分类：线绕电阻、薄膜电阻、实芯电阻、敏感电阻。

按阻值是否可变分类：固定电阻、可变电阻、电位器。

按使用功能分类：负载电阻、采样电阻、分流电阻、保护电阻等。

按安装方式分类：直插式电阻、贴片电阻等。

2.电位器的分类

按材料分类：线绕电位器、非线绕电位器。线绕电位器又分为通用线绕型、精密线绕型、功率线绕型、微调线绕型等，非线绕电位器又分为合成碳膜型、金属膜型、金属氧化膜型、有/无机实心型等。

按接触方式分类：接触式电位器、非接触式电位器。非接触式电位器分为光电电位器、电子电位器、磁敏电位器等。

按结构分类：单联、双联、多联电位器，单圈、多圈、开关电位器，锁紧、非锁紧电位器等。

按调节方式分类:旋转式电位器、直滑式电位器等。

按阻值变化规律分类:线性电位器、非线性电位器等。

1.1.2　电阻器和电位器的参数

电阻器有多项技术指标,但是由于表面积有限和对参数关心程度的不同,一般只标明阻值、精度、材料、功率等项。对于 2 W 以内的小电阻,通常只标明阻值和精度,材料及功率通常由外形、尺寸及颜色判断。

电阻器的主要参数:

(1)额定功率。在正常的大气压力、规定的环境温度和湿度条件下,在长期连续负载而不损坏或基本不改变性能的情况下,电阻器上允许消耗的最大功率即为额定功率。当超过额定功率时,电阻器的阻值将发生变化,甚至发热烧毁。只有电阻工作在一定的额定功率下,才能保证不被烧毁。为保证安全使用,一般选择额定功率比它在电路中消耗的功率高 1.5～2 倍。

(2)标称阻值。标注在电阻器上的阻值。单位为欧姆(Ω),常用单位还有千欧($k\Omega$)、兆欧($M\Omega$)、吉欧($G\Omega$),$1\ G\Omega=10^3\ M\Omega=10^6\ k\Omega=10^9\ \Omega$。标称值是根据国家制定的标准系列标注的,不是生产者任意标定的。

(3)允许误差。电阻的实际测量阻值与标称阻值偏差的最大值除以该电阻的标称值所得的百分数就是电阻的误差,它表示电阻器的精度。误差有一定的国家等级。

(4)额定电压。由阻值和额定功率换算出的电压。

(5)最高工作电压。电阻器长期连续工作而性能不会发生改变损坏等现象的允许最大连续工作电压。在低气压工作时,最高工作电压较低。

(6)温度系数。温度每变化 1℃ 所引起的电阻值的相对变化。温度系数越小,电阻的稳定性越好。阻值随温度升高而增大的为正温度系数,反之为负温度系数。

(7)老化系数。电阻器在额定功率长期负荷下,阻值相对变化的百分数,它是表示电阻器寿命长短的参数。

(8)电压系数。在规定的电压范围内,电压每变化 1 V 电阻器的相对变化量。

(9)噪声。产生于电阻器中的一种不规则的电压起伏,包括热噪声和电流噪声两部分,热噪声是由于导体内部不规则的电子自由运动,使导体任意两点的电压产生的不规则变化。

电位器除了具有以上几个与电阻器相同的参数外,还有以下特定的参数。

(1)最大阻值和最小阻值。电位器的标称值是指该电位器的最大阻值。最小阻值是零位阻值。但是因为接触点存在接触电阻,一般最小阻值达不到零位。

（2）阻值变化特性。阻值随着活动触点的旋转角度或者滑动行程的变化而变化。这种变化可以是任意函数形式。常用的有直线式（X）、对数式（Z）、指数式（D）。直线式电位器阻值变化和转角呈线性关系，故此类电位器多用于分压电路中。对数式电位器随着转动角度的增加其阻值变化相应变化大，此类电位器多用于对比度控制中。指数式电位器随着转动角度的增加其阻值反而减小，此类电位器多用于音调控制中。

1.1.3　电阻器和电位器的型号命名方法

国产电阻器的型号一般由四部分组成，敏感电阻不适用。第一部分：主称，用字母表示，为产品的名字。第二部分：材料，用字母表示，为电阻体用什么材料组成。第三部分：分类，一般用数字表示，个别类型用字母表示，为产品属于什么类型。第四部分：序号，用数字表示，为同类产品中不同品种，以区分产品的外型尺寸和性能指标等。

电阻器和电位器的型号命名方法见表 1-1。例如：RT21——普通碳膜电阻器；WSD1——多圈有机实芯电位器。

表 1-1　电阻器和电位器的型号命名方法

第一部分		第二部分		第三部分		第四部分
主称		材料		分类		序号
符号	意义	符号	意义	符号	意义	
R	电阻	T	碳膜	1	电阻（电位器）：普通	对于主称、材料相同，仅性能指标、尺寸大小有差别，但不影响其在电路中的互换，则给予同一序号；若影响互换，则在序号后用大写字母作为区别代号
W	电位器	P	硼碳膜	2	电阻（电位器）：普通	
M	敏感电阻	U	硅碳膜	3	电阻：超高频 电位器：—	
		H	合成膜	4	电阻：高阻 电位器：—	
		I	玻璃釉膜	5	电阻：高温 电位器：—	
		J	金属膜（箔）	7	电阻（电位器）：精密	
		Y	氧化膜	8	电阻：高压 电位器：特殊函数	

第一部分		第二部分		第三部分		第四部分
主称		材料		分类		序号
符号	意义	符号	意义	符号	意义	
		S	有机实芯	9	电阻(电位器):特殊	
		N	无机实芯	G	电阻:高功率 电位器:—	
		X	线绕	T	电阻:可调 电位器:—	
		C	沉积膜	X	电阻:— 电位器:小型	
				L	电阻:测量用 电位器:—	
				W	电阻:— 电位器:微调	
				D	电阻:— 电位器:多圈可调	

1.1.4 电阻器标称阻值的标志方法

电阻阻值的常用标志方法可分为以下 4 种。

(1)直标法。用具体数字、单位或者偏差符号直接把阻值和偏差标记在电阻体上,一般偏差值"Ⅰ"表示±5%,"Ⅱ"表示±10%,"Ⅲ"表示±20%。

(2)文字符号法。将标称阻值及允许偏差用文字和数字有规律的组合来表示。例如:3R4K 表示(3.4 Ω±10%),1K5M 表示(1.5 kΩ±20%),末尾字母表示偏差。允许偏差的文字符号见表 1-2,不标记的表示偏差未定。

表 1-2　允许偏差的文字符号表示

	W	B	C	D	F	G	J	K	M	N	R	S	Z
偏差 (%)	±0.05	±0.1	±0.2	±0.5	±1	±2	±5	±10	±20	±30	+100 −10	+50 −20	+80 −20

(3)色标法。用不同颜色表示电阻数值和偏差或其他参数。色表符号规定见表1-3,该表也适应于用色标法表示电容、电感的数值的偏差,它们的单位分别是:用于电阻时为 Ω,用于电容时为 pF,用于电感时为 μH,表示额定电压时只限于电容。

表1-3　色表符号规定

	银	金	黑	棕	红	橙	黄	绿	蓝	紫	灰	白	
有效数字	/	/	0	1	2	3	4	5	6	7	8	9	/
乘数	10^{-2}	10^{-1}	10^{0}	10^{1}	10^{2}	10^{3}	10^{4}	10^{5}	10^{6}	10^{7}	10^{8}	10^{9}	/
偏差/(%)	±10	±5	/	±1	±2	/	/	±0.5	±0.25	±0.1	/	$\begin{array}{c}+50\\-20\end{array}$	±20
额定电压/V	/	/	4	6.3	10	16	25	32	40	50	63	/	/

用色标法表示电阻数值和允许偏差如图1-3所示。普通电阻常用2位有效数字表示,即四色标示法;精密电阻常用3位有效数字表示,即五色标示法。

一般情况下,精度位(误差位)的色环与其他色环相比较细,并且离得比较远,故以此可以判断色环的读数顺序。

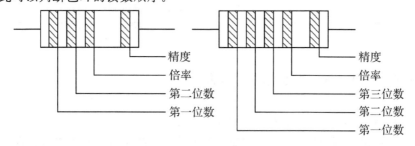

图1-3　色标法示意图

例如:"红红棕金"表示阻值为 $22 \times 10^{1} = 220$ Ω,偏差±5%。"红红黄橙棕"阻值为 $224 \times 10^{3} = 224$ kΩ,偏差±1%。

(4)数码表示法。一般贴片电阻用此法标志,如图1-4所示。即103 K,其中数字"10"表示2位有效数字,"3"表示倍乘 10^{3},"K"表示偏差±10%,即阻值为 10×10^{3} Ω=10 kΩ。又如232 J,表示阻值为 23×10^{2} Ω=2.3 kΩ,"J"表示偏差±5%,偏差表示方法与文字符号法相同。10 Ω 以下的阻值,其小数点也与文字符号法相同,用 R 表示,也可用 Ω 表示,例如4.7 Ω,也可以用 4Ω7 表示。

图 1-4 数码表示法

1.2 电容器

电容器是组成电路的最基本元件之一,它由两个相互靠近的导体与中间所夹的一层绝缘介质组成。电容器是储能元件,常用于谐振、耦合、隔直、滤波、交流旁路等电路中。

在电路中,通常用字母"C"加数字的形式表示。常见电容器的实物如图 1-5 所示,电路符号如图 1-6 所示。

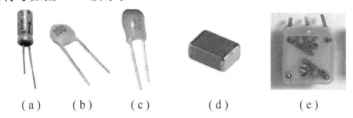

(a)　　　(b)　　　(c)　　　　　(d)　　　　　　(e)

图 1-5　常用电容器实物示意图
(a)电解电容;(b)瓷片电容;(c)钽电容;(d)贴片电容;(e)双联可变电容

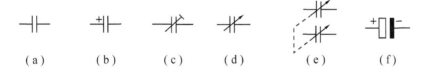

(a)　　　(b)　　　(c)　　　(d)　　　　(e)　　　　(f)

图 1-6　电容器的电路符号示意图
(a)无极性电容;(b)有极性电容;(c)微调电容;(d)可变电容;(e)双连可变电容;(f)电解电容

1.2.1　电容器的主要特性参数

电容器的主要特性参数如下。

(1)容量与误差。电容用符号 C 表示,其基本单位为 F(法拉):1 F$=10^3$ mF(毫法)$=10^6$ μF(微法)$=10^9$ nF(纳法)$=10^{12}$ pF(皮法)。最常用的两个单位是 μF 和 pF,一般情况下,够 10000 pF 就化为 μF 单位,如 20000 pF$=0.02$ μF。

实际电容量和标称电容量允许的最大偏差范围一般分为 3 级:Ⅰ级±5%,Ⅱ级±10%,Ⅲ级±20%。在有些情况下 0 级表示误差为±20%。精密电容器的允许误差较小,而电解电容器的误差较大,它们采用不同的误差等级。

常用的电容器其精度等级和电阻器的表示方法相同。用字母表示:D-005级——±0.5%;F-01级——±1%;G-02级——±2%;J-Ⅰ级——±5%;K-Ⅱ级——±10%;M-Ⅲ级——±20%。

(2)额定工作电压。电容器在电路中能够长期稳定、可靠工作,所承受的最大直流电压,又称耐压。对于结构、介质、容量相同的器件,耐压越高,体积越大。

(3)温度系数。温度系数是在一定温度范围内,温度每变化1℃,电容量的相对变化值。温度系数越小越好。

(4)绝缘电阻。用来表明漏电大小。一般小容量的电容,绝缘电阻很大,在几百兆欧或几千兆欧。电解电容的绝缘电阻一般较小,相对而言,绝缘电阻越大越好,漏电也小。

(5)损耗。在电场的作用下,电容器在单位时间内发热而消耗的能量。这些损耗主要来自介质损耗和金属损耗,通常用损耗角正切值来表示。

(6)频率特性。电容器的电参数随电场频率而变化的性质。在高频条件下工作的电容器,由于介电常数在高频时比低频时小,电容量也相应减小,损耗也随频率的升高而增加。另外,在高频工作时,电容器的分布参数,如极片电阻、引线和极片间的电阻、极片的自身电感、引线电感等,都会影响电容器的性能。所有这些,使得电容器的使用频率受到限制。

不同品种的电容器,最高使用频率不同。小型云母电容器在 250 MHz 以内,圆片型瓷介电容器为 300 MHz,圆管型瓷介电容器为 200 MHz,圆盘型瓷介电容器可达 3000 MHz,小型纸介电容器为 80 MHz,中型纸介电容器只有 8 MHz。

1.2.2 电容器的标记方法

电容器标称容量和偏差与电阻器的规定相同,它的标记方法有以下几种。

1.直标法

如图 1-7 所示,直接把电容器容量、偏差、额定电压等参数标记在电容器体上。有时候因面积小而省略单位,但存在这样的规律,即小数点前面为 0 时,则单位为 μF;小数点前不为 0 时,则单位为 pF。偏差也用Ⅰ、Ⅱ、Ⅲ三级来表示。

2.文字符号法

如图 1-8 所示,文字符号法与电阻文字符号法相似,只是单位不同。例如:P82=0.82 pF,6n8=6800 pF,2μ2=2.2 μF。

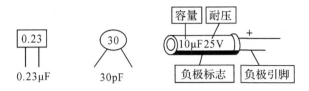

图 1-7 直标法

3. 数码表示法

如图 1-9 所示,数码表示法与电阻数码表示法基本相同,只有个别的不同,即当第三位数"9"表示 $\times 10^{-1}$,误差位可参见表 1-2。

例如:339 K$=33 \times 10^{-1}$ pF$=3.3 \times (1 \pm 10\%)$pF,102 J$=10 \times 10^{2}$ pF$=1000 \times (1 \pm 5\%)$pF,103 J$=10 \times 10^{3}$ pF$=0.01(1 \pm 5\%)\mu$F,204 K$=20 \times 10^{4}$ pF$=0.2(1 \pm 10\%)\mu$F。

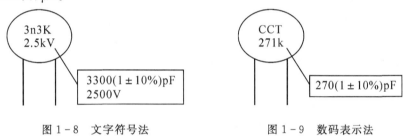

图 1-8 文字符号法　　　　　　　　图 1-9 数码表示法

1.2.3 电容器的检测方法

电容器常见故障有开路、短路、漏电或容量变化等,除了准确的容量要用专用仪表测量外,其他电容器的故障用万用表都能很容易地检测出来,下面介绍用万用表检测电容的方法。

1.5000 pF 以上非电解电容器的检测

首先在测量电容器前必须对电容器短路放电,再用万用表最高挡测量电容器两端,表头指针应先摆动一定的角度后返回无穷大(由于万用表精度所限,该类电容指针最后都应指向无穷大)。若指针没有任何变动,则说明电容器已开路;若指针最后不能返回无穷大,则说明电容漏电较严重;若为 0 Ω,则说明电容器已击穿。电容器容量越大,指针摆动幅度就越大。可以根据指针摆动最大幅度值来判断电容器容量的大小,以确定电容器容量是否减小了。测量时,必须记录好测量不同容量的电容器时万用表指针摆动的最大幅度,才能做出准确判断。若因容量太小看不清指针的摆动,则可调转电容两极再测一次,这次指针摆动幅度会更大。

对于 5000 pF 以下的电容器,用万用表 R×10 kΩ 挡测量时,基本看不出指针摆动,所以若指针指向无穷大则只能说明电容没有漏电,是否有容量只能用专用仪器才能测量出来。

2.检测带极性电解电容器

首先,要了解万用表电阻挡内部结构。红表笔是高电位,应接电容器正极;黑表笔是低电位,应接电容器负极。测量时,指针同样摆动一定幅度后返回,并不是所有的电容器在测量时指针都返回无穷大,有些会慢慢地稳定在某一位置上。读出该位置阻值,即为电容器漏电电阻。漏电电阻越大,其绝缘性越高。一般情况下,电解电容器的漏电电阻大于 500 kΩ 时性能较好,在 200~500 kΩ 时电容性能一般,而小于 200 kΩ 时漏电较为严重。

测量电解电容器时要注意以下几点:

(1)每测量一次电容器前都必须先放电,后测量(无极性电容器一样)。

(2)测量电容时一般选用 R×1 kΩ 或 R×10 kΩ 挡,但 4.7 μF 以上的电容器一般不再用 R×10 kΩ 挡。

(3)选用电阻挡时要注意万用表内电池(一般最高阻挡使用 6~22.5 V 的电池,其余的使用 1.5 V 或 3 V 电池)电压不应高于电容器额定直流工作电压,否则测量出来结果是不准确的。

(4)当电容器容量大于 470 μF 时,可先用 R×1 Ω 挡测量,电容器充满电后(指针指向无穷大时)再调至 R×1 kΩ,待指针再次稳定后,就可读出其漏电电阻值,这样就可大大缩短电容器充电时间。

3.可变电容器的检测

首先,观察可变电容器的动片和定片有没有松动,然后再用万用表最高电阻挡测量动片和定片的引脚电阻,并且缓慢旋转电容器的旋钮。若发现旋钮到某些位置时指针发生偏转,甚至指向 0 Ω 时,说明电容器有漏电或碰片情况。电容器旋转不灵活或动片不能完全旋入和完全旋出,都必须修理或更换。对于四联可调电容器,必须对四组可调电容分别测量。

1.3 电感器和变压器

电感器又称电感线圈或者电感绕组,是利用自感作用的元件。一般由绕组、骨架、磁芯(铁芯)、屏蔽罩等组成。在电路中的主要作用是对交流信号进行隔离、滤波作用,也与电容器、电阻器等组成调谐、振荡、滤波延迟、补偿等特定功能的电路。

变压器是变换交流电压、电流和阻抗的器件,利用多个电感线圈产生互感作用的元件。变压器实质上都是电感器,在电路中主要是对交流电压/电流变换、交流阻抗变换起作用,也就是我们常说的变压、耦合、匹配、选频等作用。

在电路中,电感器通常用字母"L"加数字表示,变压器通常用字母"T"加数字表示。

1.3.1 电感器

1.几种常用电感器的外形与符号

根据电感器的电感量是否可调可分为固定、可变和微调电感器 3 类。根据电感器的结构可分为单层线圈、多层线圈、蜂房线圈、带磁芯、铁芯和磁芯有间隙的电感器等。小型电感器的实物图如图 1 - 10 所示。

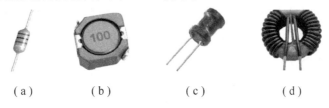

(a)　　　　(b)　　　　(c)　　　　(d)

图 1 - 10　小型电感器实物图

(a)色环电感;(b)贴片电感;(c)工字电感;(d)电感线圈

电感器的符号如图 1 - 11 所示。其中的含义:图(a)为空心线圈;图(b)为带磁芯、铁芯的电感器;图(c)为磁芯有间隙电感器;图(d)为带磁芯连续可调电感器;图(e)为有抽头电感器;图(f)为步进移动触点的可变电感器;图(g)为可变电感器。

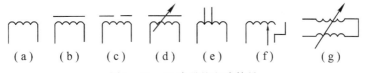

(a)　　(b)　　(c)　　(d)　　(e)　　(f)　　(g)

图 1 - 11　电感器的电路符号

(a)空心线圈;(b)带磁芯、铁芯的电感器;(c)磁芯有间隙电感器;(d)带磁芯连续可调电感器;
(e)有抽头电感器;(f)步进移动触点的可变电感器;(g)可变电感器

除此之外,还有一些小型电感器,如色码电感器、平面电感器和集成电感器,可满足电子设备小型化的需要。

2.电感器的参数

(1)电感量和允许误差。电感用 L 表示,其单位为亨利(H)、毫亨(mH)、微亨

（μH）。三者的关系是：1 H＝10^3 mH＝10^6 μH。

固定电感器的标称电感量与允许误差都是根据 E 系列规范产生的，具体可参考电阻器部分的相应内容。

（2）品质因数。品质因数是反映线圈质量的一个参数，用 Q 表示。Q 值越大即损耗越小。

（3）分布电容。线圈的匝与匝之间存在电容，线圈与地、与屏蔽盒之间也存在电容，这些电容称为分布电容。分布电容的存在，降低了线圈的稳定性，同时也降低了线圈的品质因数，因此一般都希望线圈的分布电容尽可能地小。

（4）额定电流。额定电流主要对高频电感器和大功率调谐电感器而言。通过电感器的电流超过额定值时，电感器将发热，严重时会烧坏。

3. 电感器的标志方法

电感器电感量标记方法有直标法、文字符号法、数码表示法、色标法等，与电阻器、电容器标称值标记方法一样，只是单位不同。

4. 电感线圈的检测

将万用表置于 R×1 挡，用两表笔分别碰接电感线圈的引线脚。当被测的电感器电阻值为 0Ω 时，说明电感线圈内部短路，不能使用。如果测得电感线圈有一定阻值，说明正常。电感线圈的电阻值与电感线圈所用漆包线的粗细、圈数多少有关。判断电阻值是否正常可通过相同型号的正常值进行比较。

1.3.2　变压器

变压器由初级线圈、次级线圈、铁芯或磁芯、紧固件、绝缘材料等组成，一般铁芯用于低频变压器，磁芯用于高频变压器。常用变压器有电源变压器、中频（中周）变压器、高频变压器和天线线圈等。小型变压器的实物如图 1-12 所示，变压器的电路符号如图 1-13 所示。

1. 变压器的主要参数

不同用途的变压器对参数有不同的要求，比如说音频变压器对频率响应有要求，是很重要的一个参数，但是对于电源变压器来说则不要求、不考虑这项指标。下面，介绍变压器中比较通用的几个参数。

（1）变压比。对于一个没有损耗的理想变压器来说，如果其初级和次级绕组的匝数分别为 N_1 和 N_2，如果在初级绕组两端加一个交变电压 U_1，根据电磁感应定律，次级绕组两端肯定会产生一个感应电压 U_2，则变压器的变压比为 U_2 和 U_1 的比值，与 N_1 和 N_2 的比值是相同的。

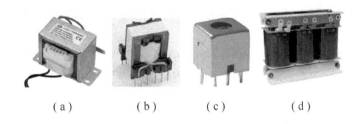

（a）　　　　（b）　　　　（c）　　　　（d）

图 1-12　小型变压器的实物图
(a)电源变压器;(b)音频变压器;(c)中频变压器;(d)自耦变压器

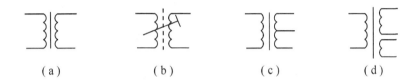

（a）　　　　（b）　　　　（c）　　　　（d）

图 1-13　变压器的电路符号示意图
(a)一般变压器;(b)微调变压器;(c)抽头变压器;(d)三绕组变压器

（2）效率。效率是变压器输出功率与其输入功率之比。

（3）频率响应。频率响应是音频变压器的一个重要参数。通常要求音频变压器对不同频率的音频信号电压,都能按照一定的变压比进行无失真传输。由于变压器初级电感、漏感和分布电容的影响,会产生信号失真。初级电感越小,低频信号电压失真越大,漏感和分布电容也越大,对高频信号电压的失真也越大。

2.变压器的检测

（1）检测初、次级绕组的通断。将万用表置于 R×1 挡,将两表笔分别碰接初级绕组的两引出线,阻值一般为几十至几百欧,若出现∞则为断路,若出现 0 阻值,则为短路。用同样的方法测次级绕组的阻值,一般为几到几十欧(降压变压器),如次级绕组有多个时,输出标称电压值越小,其阻值越小。

（2）检测各绕组间、绕组与铁芯间的绝缘电阻。将万用表置于 R×10K 挡,将一支表笔接初级绕组的一引出线,另一表笔分别接次级绕组的引出线,万用表所示阻值应为∞位置,若小于此值时,表明绝缘性能不良,尤其是阻值小于几百欧时表明绕组间有短路故障。

（3）测试变压器的次级空载电压。将变压器初级接入 220 V 电源,将万用表置于交流电压挡,根据变压器次级的标称值,选好万用表的量程,依次测出次级绕组的空载电压,允许误差一般不应超出 5%～10% 为正常(在初级电压为 220 V 的情况下)。若出现次级电压都升高,表明初级线圈有局部短路故障,若次级的某个线圈电压偏低,表明该线圈有短路之处。

(4)若电源变压器出现嗡嗡声,可用手压紧变压器的线圈,若嗡嗡声立即消失,表明变压器的铁芯或线圈有松动现象,也有可能是变压器固定位置有松动。

1.4 二极管和三极管

1.4.1 二极管

二极管标准的名称是晶体二极管,是半导体器件的一种,又称半导体二极管。二极管是由一个 PN 结构成的,有正、负两个端子,正端 A 称为阳极,负端 K 称为阴极。在电路符号中,三角形一侧记为阳极,竖线一侧记为阴极,以便大家正确读图。电流只能从二极管的阳极向阴极的方向移动,因此二极管具有单向导电性。

二极管的主要功能是起整流、检波、电子开关、限幅等作用,应用十分广泛。

二极管的种类很多,按照半导体材料分为硅二极管(Si 管)和锗二极管(Ge 管);按照用途分为整流二极管、检波二极管、稳压二极管、开关二极管、发光二极管等;按照管芯结构分为点接触式二极管、面接触式二极管、平面二极管。

在电路中,一般二极管常用字母"D"或者"VD"加上数字表示,稳压二极管的电路符号是"VR""ZD"或"Z",发光二极管的符号是"LED"。常见二极管实物如图 1-14 所示,电路符号如图 1-15 所示。

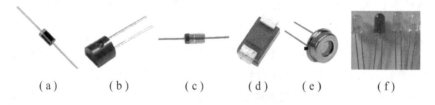

(a)　　(b)　　(c)　　(d)　　(e)　　(f)

图 1-14　常见二极管实物图
(a)整流二极管;(b)变容二极管;(c)稳压二极管;(d)贴片二极管;(e)光电二极管;(f)发光二极管

1.二极管的极性判断

拿到一个二极管后,一般可以通过外观快速地识别二极管的极性。

普通二极管有银色、黑色色圈的一侧为阴极;贴片二极管有横杠的一侧为阴极,或者底部有"T"字形、倒三角形符号的,"T"字形一横的一侧是正极,三角形的

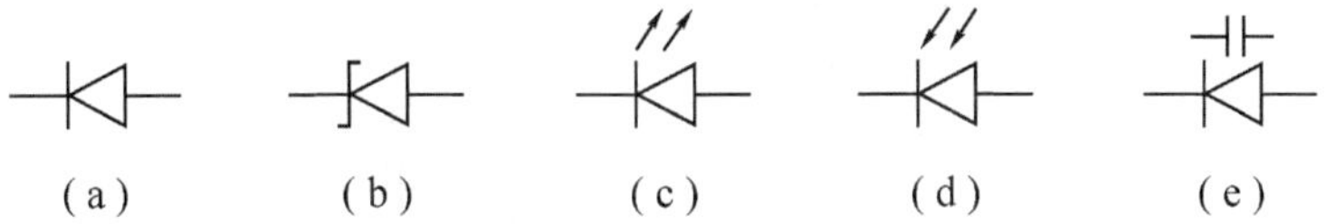

图 1-15　常见二极管符号示意图

(a)一般二极管;(b)稳压二极管;(c)发光二极管;(d)光电二极管;(e)变容二极管

"边"靠近的极性是阳极,"角"靠近的是阴极。

稳压二极管看起来很像普通的轴向引线二极管,但是它们在电路中的作用主要是稳压,另外是保护(电压钳位),它的阴极也是有色圈的一侧。

发光二极管引脚较长的一侧为阳极,而光电二极管金属壳凸出点对应的引脚或者引脚较长的一侧为阳极。

变容二极管则需要手拿管子,管脚向下,字符面朝自己,这时左面引脚为变容二极管的正极(通常接地),右面为负极(接调谐电压),需要注意的是变容二极管是利用 PN 结之间电容可变的原理制成的半导体器件,是反向使用的,在高频调谐、通信等电路中作可变电容器使用。

2.二极管的极性检测

如果二极管的引脚极性无法直观判断的话,也可以用万用表欧姆挡测出,如图 1-16 所示。用万用表的电阻挡来判断其极性时,一般需要通过交换表笔位置测量两次。将万用表置于 R×1k 挡或 R×100 挡测二极管的电阻值,选用万用表的 R×10 或 R×100、R×1k 挡,不宜用 R×1 或 R×10k 挡,是因为 R×1 挡电流较大,R×10k 挡电压较高,两者都容易造成管子的损坏。

如图 1-16(a)所示,当二极管导通时,实际测得的阻值较小,此时黑表笔所接触的一端为二极管的正极,红表笔所接触的一端为负极。如图 1-16(b)所示,当二极管截止时,实际测得的阻值很大,此时红表笔所接触的一端为正极,另一端为负极。

3.二极管的好坏判断

二极管是非线性元件,用不同的万用表或不同的挡位测量出的结果都不同。用 R×100 Ω 挡测量时,通常小功率锗管的正向电阻在 200~600 Ω,硅管在 0.9~2 kΩ,利用这一特性可以区别硅、锗两种二极管。锗管反向电阻大于 20 kΩ 即可符合一般要求,而硅管反向电阻都要求在 500 kΩ 以上,小于 500 kΩ 均视为漏电较严重,正常硅管测其反向电阻时,万用表指针都指向无穷大。测量二极管正反向电阻时宜用万用表 R×1 kΩ 或 R×100 Ω 挡,硅管也可以用 R×10 kΩ 挡来测量。

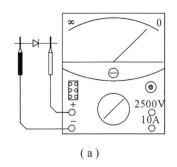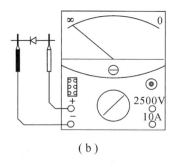

（a）　　　　　　　　　　　　（b）

图 1-16　万用表电阻挡判断二极管极性

（a）二极管导通；（b）二极管截止

　　总之，不论何种材料的二极管，正、反向阻值相差越大表明二极管的性能越好，如果正、反向阻值相差不大，此二极管不宜选用，视为坏管。如果测得的正向电阻太大也表明二极管性能变差，若正向阻值为∞，表明二极管已经开路。若测得的反向电阻很小，甚至为零，说明二极管已击穿。

　　有些万用表用 R×1 Ω 挡测量发光二极管正向电阻时，发光二极管会被点亮，利用这一特性可以判断其极性。点亮时，黑表笔所碰接的引脚为发光二极管正极，若 R×1 Ω 挡不能使发光二极管点亮，则只能使用 R×10 kΩ 挡正、反向测其阻值，看其是否具有二极管特性，以判断其好坏。

1.4.2　三极管

　　三极管，标准的名称是晶体三极管，又称半导体三极管，也称双极型晶体管，是一种控制电流的半导体器件。它最主要的功能是起电流放大和开关作用。

　　三极管的种类很多，按照半导体材料分为硅三极管、锗三极管等；按照结构分为 NPN 型三极管、PNP 型三极管；按照功能分为开关三极管、功率三极管、光敏三极管等；按照功率分为小功率管、中功率管、大功率管，一般小功率管的额定功耗在 1 W 以下，而大功率管的额定功耗可达几十瓦以上；按照工作频率分为低频管、高频管、超高频管等，一般低频管用以处理频率在 3 MHz 以下的电路，高频管的工作频率可以达到几百兆赫。

　　三极管由两个 PN 结构成，共用的一个电极（用字母 B 表示），称为三极管的基极。其他的两个电极称为集电极（用字母 C 表示）和发射极（用字母 E 表示）。由于不同的组合方式，形成了一种 NPN 型的三极管，另一种 PNP 型的三极管。国产硅三极管主要是 NPN 型，锗三极管主要是 PNP 型。

　　在电路中，三极管通常用字母"Q"或者"VT"加上数字的形式表示。常见三极管的外形如图 1-17 所示,电路符号如图 1-18 所示。

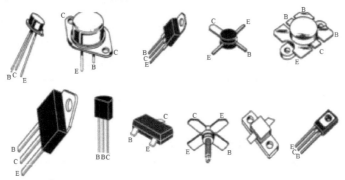

图 1-17　常见三极管外形图

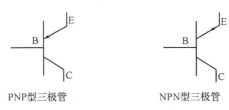

PNP型三极管　　　　　　　NPN型三极管

图 1-18　三极管电路符号示意图

1.三极管的引脚识别

常用的三极管的封装形式有金属封装和塑料封装两种。但是三极管的引脚排列并没有具体的规定,所以各个生产厂家都有自己的排列规则。常见三极管引脚排列识别见表 1-4。

表 1-4　常见三极管引脚排列识别

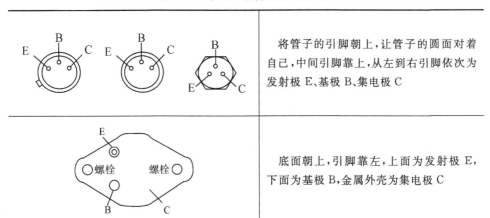

	将管子的引脚朝上,让管子的圆面对着自己,中间引脚靠上,从左到右引脚依次为发射极 E、基极 B、集电极 C
	底面朝上,引脚靠左,上面为发射极 E,下面为基极 B,金属外壳为集电极 C

续表 1-4

E B C ⌒⌒⌒ ○ ○ ○	将管子引脚朝上,印有管子型号的平面背对自己,从左到右引脚依次是发射极 E、基极 B 和集电极 C

2.三极管管型和电极的检测

三极管管型判断和电极的检测步骤如下:

(1)判断管型和基极 B。使用万用表 R×100 Ω 或 R×1 kΩ 电阻挡随意测量三极管的两极,直到指针摆动较大为止。然后固定黑(红)表笔,把红(黑)表笔移至另一引脚上,若指针同样摆动,则说明被测管为 NPN(PNP)型,且黑(红)表笔所接触的引脚为 B 极。

(2)集电极 C 和发射极 E 的判断。根据第(1)步的测量已确定了 B 极,即为 NPN(PNP)型三极管,再使用万用表 R×1 kΩ 挡进行测量,再测剩余两个电极的阻值,对调表笔各测一次,根据管型不同,判断三极管管脚如图 1-19 所示。其中,图 1-19(a)所示为 PNP 型三极管管脚判别,对 PNP 型管子红表笔所接为集电极 C,黑表笔所接为发射极 E。图 1-19(b)所示为 NPN 型三极管管脚判别,对 NPN 型管子红表笔所接为发射极 E,黑表笔所接为集电极 C。

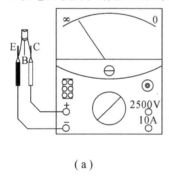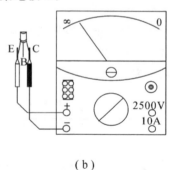

(a)   (b)

图 1-19　三极管管脚的判别
(a)PNP 型三极管管脚判别;(b)NPN 型三极管管脚判别

(3)用万用表的 R×1 k 挡或 R×100 挡测量管子的基极与集电极之间的正向电阻值与反向电阻值以及基极与发射极之间的正向电阻和反向电阻值。通过测量三极管极间电阻的大小,可以判别管子的性能好坏以及管子内部是否短路、断路。

1.5 集 成 电 路

集成电路简称 IC(Integrated Circuit)，也称集成芯片，就是采用半导体制作工艺，在一块极小的硅单晶片上制作很多二极管、三极管以及电阻、电容等元器件，将这些元器件组合成完整的具有特定功能的电子电路，并将这个组合加以封装后的电子器件。

在电路中，集成芯片通常用字母"U"加数字的形式表示。

随着电子技术和半导体工艺的发展，集成电路的集成度越来越高，功能也越来越多，运行速度、可靠性等方面也是远远优于分立元件，因此，集成电路的应用十分广泛。

1.5.1 集成电路的分类

根据功能不同，集成电路主要分为模拟集成电路、数字集成电路、模数混合集成电路。其中模拟集成电路主要包括运算放大器、比较器、模拟乘法器、集成功率放大器等；数字集成电路主要包括集成门电路、译码器、编码器、数据选择器、触发器、寄存器、计数器、存储器和微处理器等；模数混合集成电路主要包括定时器、A/D、D/A、转换器和锁相环等。

根据制作工艺不同，集成电路主要分为半导体集成电路、膜集成电路和混合集成电路。

根据集成度高低不同，集成电路主要分为小规模集成电路、中规模集成电路、大规模集成电路、超大规模集成电路以及特大规模集成电路等。

根据导电类型不同，集成电路主要分为单极型集成电路、双极型集成电路。双极型和单极型主要是指组成集成电路的晶体管的极性。双极型集成电路由 NPN 或 PNP 型晶体管组成，由于电路中载流子有电子和空穴两种极性，因此称为双极型集成电路，其频率特性好，但是功耗大、制作工艺复杂，就是我们常说的 TTL、ECL、HTL、LSTTL 等集成电路。单极型集成电路是由 MOS 场效应晶体管组成的，因为场效应晶体管只有多数载流子参加导电，其工作速度低，但是输入阻抗高，功耗小，制作工艺简单，易于大规模集成，由这种单极晶体管组成的集成电路就被称为单极型集成电路，就是我们常说的 MOS 型集成电路。MOS 型集成电路又分为 NMOS(多数载流子是空穴)、PMOS(多数载流子是电子)、CMOS(NMOS 管和 PMOS 管互补构成的集成电路)3 种类型。

1.5.2 集成电路的封装

封装,就是指把硅片上的电路管脚用导线接引到外部接头处,以便与其他器件连接。封装形式是指安装半导体集成电路芯片用的外壳。它不仅起着安装、固定、密封、保护芯片及增强电热性能等方面的作用,而且还通过芯片上的节点用导线连接到封装外壳的引脚上,这些引脚又通过印刷电路板上的导线与其他器件相连接,从而实现内部芯片与外部电路的连接。因为芯片必须与外界隔离,一方面防止空气中的杂质对芯片电路的腐蚀而造成电气性能下降,另一方面封装后的芯片也更便于安装和运输。由于封装技术的好坏直接影响到芯片自身性能的发挥和与之连接的 PCB(印制电路板)的设计和制造,因此它是至关重要的。

衡量一个芯片封装技术先进与否的重要指标是芯片面积与封装面积之比,这个比值越接近 1 越好。

封装时主要考虑的因素如下:

(1)为提高封装效率,芯片面积与封装面积之比尽量接近 1。

(2)引脚要尽量短以减少延迟,引脚间的距离尽量远,以保证互不干扰,提高性能。

(3)基于散热的要求,封装越薄越好。

从结构方面,封装经历了最早期的晶体管 TO(如 TO-89、TO92)封装发展到了双列直插封装,随后又出现 SOP 小外型封装,以后逐渐派生出 SOJ(J 型引脚小外形封装)、TSOP(薄小外形封装)、VSOP(甚小外形封装)、SSOP(缩小型 SOP)、TSSOP(薄的缩小型 SOP)及 SOT(小外形晶体管)、SOIC(小外形集成电路)等。

从材料介质方面,包括金属、陶瓷和塑料,目前,很多高强度工作条件需求的集成电路如军工和宇航级别仍有大量的金属封装。

1.5.3 集成电路的引脚顺序识别

集成电路的封装形式多样,引脚数目从几个到上百个都有,但是其排列还是有一定规律可以遵循的,在使用时,一定要按照这些规律正确地识别集成电路的引脚顺序,方可正确使用该集成电路。

1.单列直插式集成电路

识别单列直插式集成电路的引脚顺序时,应将其引脚朝下,集成电路的型号或者定位标记朝向自己,然后从定位标记对应侧的第一个引脚按照 1、2、3…的顺序依次数起即可。这类集成电路常用的定位标记一般是色点、色带、有色线条、凹槽、缺角、小孔等。单列直插式集成电路引脚顺序如图 1-20 所示。

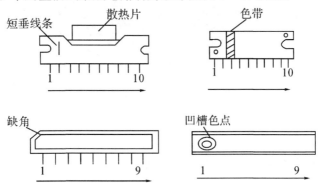

图 1-20 单列直插式集成电路引脚顺序的识别

2. 双列直插式集成电路

识别双列直插式集成电路的引脚顺序时,应将引脚朝下,集成电路的印刷型号、商标等朝上,从定位标记逆时针方向的第一个引脚开始按照 1、2、3…的顺序依次数起。一般我们会将定位标记置于左侧,其第一个引脚就从左下方开始。双列直插式集成电路的定位标记一般是色点、半圆形凹口。双列直插式集成电路引脚顺序如图 1-21 所示。

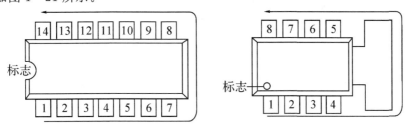

图 1-21 双列直插式集成电路引脚顺序的识别

3. 四列扁平式集成电路

识别四列扁平式集成电路的引脚时,同双列直插式集成电路一样,引脚朝下,商标型号印刷面朝上,从定位标记处开始逆时针依次数起。四列扁平式集成电路的定位标记一般是色点、小凹坑、特殊引脚、断脚等。四列扁平式集成电路引脚顺序如图 1-22 所示。

1.5.4 常用集成电路型号

国内常见集成电路系列有 CT、CC、CF、CD、CW 等。例如,CF741 表示通用型

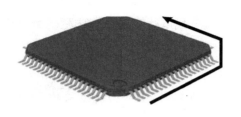

图 1-22　四列扁平式集成电路引脚顺序的识别

集成运放。

国外常见集成电路系列见表 1-5。例如,CXA、CXD 等为索尼公司的产品,CXA1691BM 表示 AM/FM 集成收音机电路。

表 1-5　国外常见集成电路系列

系列字头	生产厂商
CX /CXA/CXB/CXD	索尼公司,日本
AN/DN	松下公司,日本
TA/TC/TD/TL/TM	东芝公司,日本
μPA~μPD/MPA/MPB	日本电气公司,日本
HA/HD/HM/HN	日立公司,日本
LA/LB/LC/STK	三洋公司,日本
IX	夏普公司,日本
MC/MCC/MFC	摩托罗拉公司,美国
LM/AH/AM/CD	国家半导体公司,美国
IM.ICM/ICL	英特尔,美国

1.5.5　集成电路的检测方法

1.电阻法测量

通过测量单块集成电路各引脚对地正反向电阻,与参考资料或另一块好的同型号集成电路进行比较,从而发现和确定故障点(注意:由于测量时万用表电阻挡内部电压不得大于 6V,因此,量程最好选用 R×100 或者 R×1 k 挡位。另外,注意必须使用同一个万用表和同一挡测量,这样测量结果才会准确)。

在没有对比资料的情况下，只能使用间接电阻法测量，即在印制电路板上通过测量集成电路引脚外围元器件的好坏来判断，如果外围元器件没有损坏，但电路不通，则集成电路可能已损坏。

2.电压法测量

测量集成电路引脚对地的静态、动态电压，与线路图或其他资料所提供的参数电压进行比较，从而做出正确的判断。如果发现某些引脚电压有较大差别，其外围元器件又没有损坏，则集成电路有可能已损坏。

注意事项：万用表内阻足够大，以免造成较大测量误差；多点测量电压值后，应该从偏离正常值最大的地方入手检查故障；测量时表笔或者探头与被测点良好地接触，最好在测量表笔或者探头处套上绝缘芯套，这样测量时碰到相邻焊点或引脚也不会发生短路现象。

3.代换法测量

用已知完好的相同型号的集成电路去代替被测量的集成电路，如果电路能够恢复正常工作，则可以判定该集成电路已经损坏。

第2章 常用仪器、仪表的使用

在电子产品(电子电路)的装配调试过程中,需要使用到一些电子测量仪器、仪表,有通用的基础仪器、仪表,也有专业性的特殊仪器、仪表。本章将着重介绍几种常用的电子测量仪器、仪表的使用方法和注意事项,帮助我们正确地使用这些仪器、仪表,也能大大提高装配调试电子产品(电子电路)的速度,同时为以后的学习打下一定的基础。

2.1 电子测量仪器、仪表使用的注意事项

每台电子测量仪器、仪表都有规定的操作规范和使用方法,使用者必须严格遵守这些规范方法。一般电子仪器、仪表在使用前后及使用过程中,都应该注意以下几个方面。

1. 仪器、仪表使用前

在使用仪器仪表前,应注意以下事项。

(1)检查仪器设备的工作电压和电源电压是否相应匹配。

(2)检查仪器面板上各开关、按键、旋钮接线柱、插孔等是否松动错位,如果发生这些现象,应加以紧固归位,以防止因此牵断仪器内部连线,造成断开、短路以及接触不良等现象发生。

(3)检查电子仪器设备的接地情况是否良好。

2. 仪器、仪表使用时

在使用仪器、仪表时,应注意以下事项。

(1)仪器、仪表通电后,根据环境温度情况,应使仪器预热 5 min 左右,待仪器稳定后再使用。

(2)仪器、仪表通电后,注意检查仪器的工作情况,首先应通过感官(眼看、耳听、鼻闻)判断有无异常现象,如果发现仪器内部有异响、异味、冒烟等异常现象,应立即切断电源,在尚未查明原因之前不得再次通电使用,更不能通过多次通电来排查故障点,以免造成更大故障。

(3)仪器、仪表通电后,如果仪器的保险丝烧断,应立即更换相同容量的保险管,如果再次开机通电后烧断保险管,应立即检查仪器设备及其使用规范,不应该

出现第三次烧毁保险管的现象,更不应该随意加大保险管容量,否则导致仪器内部故障扩大,造成更严重的损坏。

(4)仪器使用时,对于面板上各种开关、按键、旋钮等的作用功能及正确使用方法,必须充分了解熟悉。对开关、按键、旋钮的调节,应缓慢稳妥,不可猛扳、猛转、猛按,以免长期如此造成其松动、滑位、断裂等人为故障。对于输出、输入电缆的接插,应握住套管操作,不应直接用力拉扯电缆线,以免拉断内部导线。

(5)对于功率较大的电器仪器,二次开机时间间隔要长,不应关机后马上二次开机,否则会烧断保险管。

(6)使用仪器测试时,应先连接低电位端(地线),然后连接高电位端,测试完毕,应先拆除高电位端,后拆除低电位端,否则会导致仪器、仪表过载,甚至损坏仪表。

3.仪器、仪表使用后

在使用仪器、仪表后,应注意以下事项。

(1)及时切断电源开关,需要归位的开关、按键、旋钮等及时归位,以免再次使用时造成开机损坏。

(2)整理好仪器附件,以免散失或错配而影响以后使用。

(3)盖好罩布,以免粘积灰尘。

2.2 万用表的使用

万用表又称复用表,是电子工程领域使用最广泛的多功能、多量程便携式的电子测量仪表。由于具有测量种类多,测量范围宽,使用和携带方便,价格低等优点,常用于检查电源或仪器的好坏,检查电路的故障,判别元器件的数值及好坏等。

一般万用表都可以测量直流电流、直流电压、交流电压、电阻等。有的万用表还可以测量音频电流、交流电流、电容、电感和晶体管的 β 值等。

万用表按电路结构及指示方式的不同,可分为指针式(也称模拟式)和数字式两种。在电工测量中,指针式万用表使用较多,在实验教学中,数字式万用表使用较多。

指针式万用表与数字式万用表的主要区别如下:
(1)指针式万用表的表头为磁电式电表,采取指针刻度显示。

数字式万用表的表头为数字电压表,采取数字方式显示。

(2)数字式万用表测试的参数都转换成电压值,通过 A/D 转换,显示读数,其原理是测试参数——模拟数字转换——数字显示。

指针式万用表以电流为主,测试参数都转换成电流驱动表头线圈,其原理是测试参数——表头线圈电磁感应——指针转动显示。

(3)数字式万用表精度高于指针表式万用表,数字表可以达到百万分之一级别,指针表一般为 5%。

2.2.1 指针式万用表的使用

以 MF47 型指针式万用表为例介绍模拟式万用表的使用方法。MF47 型指针式万用表如图 2-1 所示,可供测量直流电流、交直流电压、直流电阻等 26 个基本量程,以及电平、电容、电感、晶体管直流参数等 7 个附加参考量程。

图 2-1 MF47 型指针式万用表示意图

1. MF47 指针式万用表各主要旋钮的作用

(1)MF47 面板上半部分是表头(指示部分),通过指针的位置和与之对应的表盘刻度值可以指示被测参数的数值。表头指针调零器在表头下方。仪表面板下半部分是供操作的旋钮和插孔,其中右上角为零欧姆调节旋钮,左上角为三极管 h_{FE} 测量插孔,测试笔插孔在最下方。主要旋钮和插孔的名称及作用介绍如下:

①机械调零螺母。它位于表盘下中部。万用表在使用前应水平放置并检查指针是否在标度尺的起始点上。如果不在起始点,则应调整中间的胶木质机械调零螺钉,使表指针回到标度尺的起始点上。

②零欧姆调节旋钮。即电阻调零旋钮,位于中间右上侧。测量电阻时,无论选择哪一挡,都要先将指针指在欧姆标度尺的起始零点上,否则会给测量值带来一定的误差。

③转换开关。通过转换开关可选 5 个测量项目、26 个量程,以及电平、晶体管直流参数等 7 个附加参考量程。

④负极插孔。在转换开关的左边标有"-COM"标记。测量任何项目时,黑表

笔都应该插在该插孔中。

　　⑤正极插孔。在转换开关的左边标有"＋"标记。在测量电阻、直流电流和交直流电压时,红表笔应插在该插孔里。

　　⑥晶体管静态直流放大倍数检测装置供临时检测三极管使用。

　　⑦交直流 2500 V 和直流 10 A 分别有单独的插座,测试时黑表笔插在"－COM"极插孔中,红表笔插在交直流 2500 V 或直流 10 A 的单独插座中。

　　(2)刻度盘。指针万用表的刻度尺有很多条,不同的测量内容应对应相应的刻度尺,否则会带来较大的测量误差。刻度盘颜色分别按交流红色,晶体管绿色或蓝色,其余黑色对应制成,使用时读数便捷。刻度盘上装有反光镜,以消除视差。刻度盘如图 2-2 所示。

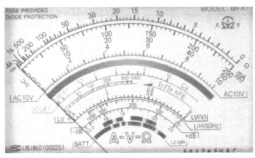

图 2-2　刻度盘示意图

MF47 型万用表的刻度尺从上至下分别为

①电阻刻度尺;

②交直流电压、电流公共刻度尺;

③10V 交流电压刻度尺;

④电容刻度尺;

⑤晶体管放大倍数刻度尺;

⑥负载电压、负载电流刻度尺;

⑦电感刻度尺;

⑧音频电平刻度尺;

⑨电池电量(BATT)刻度尺。

　　(3)插座及量程开关。各挡插座及量程开关如图 2-3 所示。除交直流2500 V 和直流 10 A 分别有单独插孔之外,其余各挡只须转动一个选择开关,使用方便。

　　2. MF47 万用表各测量挡位的介绍

　　在使用前应检查指针是否指在机械零位上,如不指在零位,可旋转表盖上的调零器使指针指示在零位上,然后将测试笔红黑插头分别插入"＋""－"插座中。

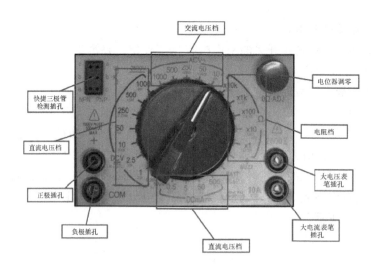

交流电压档

快捷三极管检测插孔

直流电压档

正极插孔

负极插孔

直流电压档

电位器调零

电阻档

大电压表笔插孔

大电流表笔插孔

图 2-3　插座及量程开关

除交直流 2500 V 和直流 10 A 分别有单独的插座外,红插头则应分别插到标有 2500 V 或 10 A 的插座中。其余只需旋转选择开关,即可选择相应的测量挡位。测量机构采用硅二极管保护,保证过载时不损坏表头,并且电路设有 0.5 A 保险丝以防止万用表误用时烧坏电路。

1)直流电流测量(DCA)

测量 50 μA～500 mA 时,转动开关值至所需的电流挡。应该红色表笔插头"+"插入 mA 插孔内,黑色表笔插入"－COM"插孔内即可测量。测量 10 A 时,转换开关可放在 500 mA 直流电流限量上,将红色表笔插入"10 A"插孔内,而后将测试笔串接于被测电路中测量。

2)交直流电压的测量(DCV、ACV)

测量交流 10～1000 V 或直流 0.25～1000 V 时,转动开关至所需电压挡;测量交直流 2500 V 时,开关应分别旋至交直流 1000 V 位置上,而后将测试笔跨接于被测电路两端。若配以高压探头,可测量电视机小于等于 25 kV 的高压。测量时,开关应放在 50 μA 位置上,高压探头的红黑插头一端分别插入"+""－"插座中,接地夹与电视机金属底板连接,而后握住探头进行测量。测量交流 10 V 电压时,读数请看交流 10 V 专用刻度(红色)。

3)直流电阻测量(Ω)

装上电池(R14 型 2♯1.5 V 及 6F22 型 9 V 各一只),转动开关到所需测量的电阻挡,将红黑表笔两端短接,调整欧姆旋钮,使指针对准欧姆"0"位上,(若不能指示欧姆零位,则说明电池电压不足,应更换电池),然后将测试笔跨接于被测电路的两端进行测量。准确测量电阻时,应选择合适的电阻挡位,使指针尽量能够指向表刻度盘中间三分之一的区域。

测量电路中的电阻时,应先切断电源,如电路中有电容应先行放电。

当检查有极性电解电容漏电电阻时,可转动开关至 R×1 k 挡,红表笔必须接电容器负极,黑表笔电容器正极。

注意:当 R×1 k 挡不能调至零位或蜂鸣器不能正常工作时,请更换 2♯ (1.5 V)电池。当 R×10 k 挡不能调至零位时,请更换(9 V)电池。

4)通路蜂鸣检测(MF47A 专用)

首先同欧姆挡一样将仪表调零,此时蜂鸣器工作发出约 2 kHz 长鸣声,即可进行测量。当被测电路阻值低于 10 Ω 左右时,蜂鸣器发出鸣叫声。

5)音频电平测量(dB)

在一定的负荷阻抗上,用来测量放大器的增益和线路输送的损耗,测量单位以分贝(dB)表示。

音频电平与功率电压的关系式是:$NdB=10 \lg 10 P_2/P_1=20 \lg 10 V_2/V_1$

音频电平的刻度系数按 0 dB=1 mW600 Ω 输送线标准设计,即

$$V_1=1/2(P_1 Z)=1/2 \times (0.001 \times 600)=0.775 \text{V}$$

P_2 为被测功率,V_2 为被测电压。

音频电平以交流 10 V 为基准刻度,如指示值大于+22 dB,可在 50 V 挡位以上各量程测量,并按表 2-1 上对应的各量程的增加值进行修正。音频电平测量修正见表 2-1。测量方法与交流电压基本相似,转动开关至相应的交流电压挡,并使指针有较大的偏转。如被测电路中带有直流电压成分,可在"+"插座中串接一个 0.1 μF 的隔直流电容器。

表 2-1 音频电平测量修正表

量程/V	按电平刻度增加值/dB	电平的测量范围/dB
AC10		−10～+22
AC50	14	+4～+36
AC125	22	+12～+44
AC250	28	+18～+50
AC500	34	+24～+56

6)电容测量

根据电阻挡上的量程来选择电容量程,具体对应测量范围见表 2-2。

表 2-2　电阻挡测量电容量程范围对应表

电阻挡	×1	×10	×100	×1 k	×10 k
测量范围/μF	0.1~1	1~10	10~10^2	10^2~10^3	10^3~10^4

估计好被测电容的电容值后,就选择合适的量程测量;对于无法估计容值的电容,则先选用较大的量程进行测量,然后逐渐减小量程,直到合适为止。

由于测量电容时指针并不停留在确定位置,所以通常无法准确读数,而测量电容的目的通常是为了判断电容的好坏。当选好量程测量时,指针先摆动,然后又回到零位,说明电容是正常的。

7)晶体管直流参数的测量

(1)直流放大倍数的测量(h_{FE})。转换开关至 R×10 hFE 处,同 Ω 挡方法一样调零后,将 NPN 或 PNP 型晶体管对应插入晶体管测试座的 ebc 管座内,表针指示值即为该管直流放大倍数。如指针偏转指示大于 1000 时应首先检查:

①是否插错管座;

②晶体管是否损坏。MF47 套件装配是按硅三极管定标的,负荷三极管、锗三极管测量结果仅供参考。

(2)反向截止电流 I_{ceo},I_{cbo} 的测量。I_{ceo} 为集电极与发射极间的反向截止电流,即基极开路。I_{cbo} 为集电极与基极间的反向截止电流,即发射极开路,转动开关 R×1 k 挡将测试笔两端短路,调节至零欧姆上,此时满度电流值约为 90 μA。分开测试笔,然后将欲测的晶体管插入管座内,此时指针的数值约为晶体管的反向截止电流值,指针指示的刻度值乘上 1.2 即为实际值。当 I_{ceo} 电流值大于 90 μA 时可换用 R×100 挡进行测量,此时满度电流值约为 900 μA。N 型晶体管应插入 N 型管座,P 型晶体管应插入 P 型管座。

(3)三极管管脚极性的辨别(将万用表置于 R×1 k 挡)。

①判定基极 b。由于 b 到 c 至 b 到 e 分别是两个 PN 结,它的反向电阻很大,而正向电阻很小。测试时可任意取晶体管一脚假定为基极。将红测试笔接"基极",黑测试笔分别去接触另外二个管脚,如此时测得都是低阻值,则红测试笔所接触的管脚即为基极 b,并且是 P 型管(如用上法测得均为高阻值,则为 N 型管)。如测量时两个管脚的阻值差异很大,可另选一个管脚为假定基极,直至满足上述条件为止。

②判定集电极 c。对于 PNP 型三极管,当集电极接负电压,发射极接正电压

时,电流放大倍数才比较大,而 NPN 型管则相反。测试时假定红测试笔接集电极 c,黑测试笔接发射极 e,记下其阻值,而后红黑测试笔交换测试,将测得的阻值与第一次阻值相比,阻值小的红测试笔接的是集电极 c,黑的是发射极 e,而且可判定是 P 型管(N 型管则相反)。

(4)二极管极性判别。测试时选 R×1 k 挡,黑测试笔一端测得阻值小的一极为正极。万用表在欧姆电路中,红测试笔为电池负极,黑的为电池正极。

注意:以上介绍的测试方法一般都用 R×100,R×1 k 挡,如果用 R×10 k 挡,则因该挡用 15 V 的较高电压供电,可能将被测三极管的 PN 结击穿,若用 R×1 挡测量,因电流过大(约 90 mA),也可能损坏被测三极管。

8)电池电量测量(BATT)

使用 BATT 刻度线,该挡位可供测量 1.2～3.6 V(RL=8 Ω)的各类电池(不包括纽扣电池)电量用。测量时将电池按正确极性搭在两根表笔上,观察表盘上 BATT 对应刻度,分别为 1.2,1.5,2,3,3.6(V)刻度。绿色或紫色区域表示电池电电量充足,"?"区域表示电池尚能使用,红色区域表示电池电电量不足。测量纽扣电池及小容量电池时,可用直流 2.5 V 电压挡(RL=50 k)进行测量。

9)负载电压 LV(V)、负载电流 LI(mA)参数测量

该挡主要测量在不同的电流下非线性器件电压降性能参数或反向电压降(稳压)性能参数。如发光二极管、整流二极管、稳压二极管及三极管等。测量方法同 Ω 挡,其中 0～1.5 刻度供 R×1～R×1 k 用,0～10.5 V 供 R×10 k 挡用(可测量 10 V 以内稳压管),各挡满度电流见表 2-3。

表 2-3 LI、LV 测量挡的满度电流

开关位置(Ω)挡	R×1	R×10	R×100	R×1 k	R×10 k
满度电流 LI	90 mA	10 mA	1 mA	100 μA	70 μA
测量范围 LV	0～1.5 V				0～10.5 V

10)标准电阻箱应用

在一些特殊情况下,可利用 MF47 直流电压或电流挡作为标准电阻使用,当该表位于直流电压挡时,如 2.5 V 挡相当于 50 k 标准电阻(2.5 V×20 k/V=50 k),其余各挡类推。当该表位于直流电流挡时,如 5 mA 挡相当于 100 Ω 标准电阻(0.5 V÷0.005 A=100 Ω),其余各挡可根据技术规范类推,见表 2-4。(注意:使用该功能时,应避免表头过载而出现故障)

表 2 - 4　MF47 直流电压或电流挡作为标准电阻使用对应表

挡位	10 A	500 mA	50 mA	5 mA	0.5 mA	50 μA	1 V
标准阻值/Ω	0.025	0.5	5	50	500	5 k	20 k
挡位	2.5 V	10 V	50 V	250 V	500 V	1000 V	2500 V
标准阻值/Ω	50 k	200 k	1 M	2025 M	4.5 M	9 M	22.5 M

3.注意事项

万用表是比较精密的仪器,如果使用不当,不仅造成测量不准确且极易损坏。但是,只要掌握万用表的使用方法和注意事项,谨慎从事,那么万用表就能经久耐用。

使用前,将红黑表笔插入相应的"＋、－"插孔内,指针的初始位置调整在机械零位。挡位开关(量程开关)应旋到适当位置。

(1)测量电流与电压不能旋错挡位。测量高压或大电流时,为避免烧坏开关,应在切断电源的情况下,变换量限。

(2)测量未知量的电压或电流时,应先选择最高挡,第一次读取数值后,方可逐渐转至适当位置以取得较准读数,以免表针偏转过度而损坏表头或避免烧坏电路。所选用的挡位越靠近被测值,测量的数值就越准确。

(3)测量时不能用手触摸表棒的金属部分,以保证安全和测量准确性。测电阻时,如果用手捏住表棒的金属部分,会将人体电阻并接于被测电阻而引起测量误差。

(4)测量高压时,要站在干燥绝缘板上并一手操作,防止发生意外事故。

(5)测量直流量时,注意"＋""－"极性,不要接错。如发现指针开始反转,应立即调换表棒,以免损坏指针及表头。

(6)不能带电调整挡位或量程,避免电刷的触点在切换过程中产生电弧而烧坏线路板或电刷。当发生因过载而烧断保险丝时,可打开表盒换上相同型号的保险丝(0.5 A/250 V)。

(7)测量电阻时,电阻挡每次换后都要进行调零。若将两支表棒短接,调"零欧姆"旋钮至最大,指针仍然达不到 0 点,这种现象通常是由于表内电池电压不足造成的,应换上新电池方能准确测量。不允许测量带电的电阻,否则会烧坏万用表。

(8)电阻挡用干电池应定期检查、更换,以保证测量精度。平时不用万用表时,将挡位盘最好置于到交流最高挡;不要旋在电阻挡,因为内有电池,如不小心易使两根表棒相碰短路,不仅耗费电池,严重时甚至会损坏表头。如长期不用应取出电池，以防止电液溢出腐蚀而损坏其他零件。

（9）测量完毕后应将挡位开关旋钮打到交流电压最高挡或空挡。在测量电解电容和晶体管等器件的阻值时要注意极性。不允许用万用表电阻挡直接测量高灵敏度的表头内阻，以免烧坏表头。

（10）读数。选取刻度数要与功能选择一致；指针平稳时方可读数；读数时视线要垂直于盘面。

2.2.2　数字式万用表的使用

1.VC9807A＋型数字万用表

VC9807A＋型数字万用表是目前市场上最常见的数字式万用表，其实物如图2-4所示。它可以测量直流电压、直流电流、交流电压、电阻、晶体二极管以及三极管的直流电流放大系数 h_{FE} 等，完全能够满足一般初学者的需要。

图2-4　VC9807A＋型数字万用表实物图

VC9807A＋型数字万用表前面板主要包括：液晶显示器、量程选择开关、h_{FE} 插口、输入/输出插孔等，后面板附有电池盒。

2.VC9807A＋型数字万用表的使用方法

VC9807A＋型数字万用表可以测量电阻、电压、电流、晶体二极管及三极管直流放大系数 h_{FE} 等参数，本书仅对最基本的使用进行介绍。

（1）测量电阻。将转换开关拨至"Ω"适当量程挡位，红表笔插入"V/Ω"插孔，黑表笔插入"COM"插孔。单位以各量程标注为准。

注意事项：

①严禁带电测量电阻,也不允许直接测量电池内阻。

②用低阻挡测量时,可将表笔短接,测出引线电阻,从而修正测量结果,减小误差。

③用高阻挡测量时,应手持两表笔绝缘杆,防止人体电阻并入被测量电阻而引起测量误差。

(2)测量直流电压。将转换开关拨至"V-"适当量程挡位,红表笔插入"V/Ω"插孔,黑表笔插入"COM"插孔。单位以各量程标注为准。

注意事项:

①万用表具有自动转换并显示极性的功能,因此在测量直流电压时,可不必考虑表笔正负接法。

②交直流电压挡不能混用。若出现混用,将显示全零或在低位上出现跳字。

(3)测量交流电压。将转换开关拨至"V~"适当量程挡位,红表笔插入"V/Ω"插孔,黑表笔插入"COM"插孔。单位以各量程标注为准,且要求所测电压的频率为 45~500 Hz。

注意事项:测量交流电压时,黑表笔应接被测电压的低电位端,以便消除仪表输入端对地分布电容的影响,减小测量误差。

(4)测量直流电流和交流电路。将转换开关拨至"A-"或者"A~"适当量程挡位,红表笔插入"mA"或者"20 A"插孔,黑表笔插入"COM"插孔。单位以各量程标注为准。

注意事项:红表笔应插入"20 A"插孔,测量大电流时,表笔接触被测点不能超过 10 s,否则万用表发烫损坏,甚至危及操作者安全。

(5)测量二极管。将转换开关拨至"▶|"适当量程挡位,红表笔插入"V/Ω"插孔,接二极管阳极,黑表笔插入"COM"插孔,接二极管阴极。若显示 1 则表示二极管内部开路,若显示 0 则表示二极管内部短路。

(6)测量三极管的 h_{FE}。首先用二极管挡位判别三极管类型是 NPN 还是 PNP,然后将转换开关拨至 h_{FE} 位置,再将被测三极管根据管型插入相应位置,接通电源即可看到 h_{FE} 值。

注意事项:三极管三个管脚的顺序一定要放对插孔。另外,由于被测管工作于低电压、弱电流状态,因而测得的 h_{FE} 值仅供参考。

(7)检查线路通断。将转换开关拨至蜂鸣器挡位,红表笔插入"V/Ω"插孔,黑表笔插入"COM"插孔。若被测线路电阻低于 20 Ω,蜂鸣器发声,说明电路通,反之,则不通。

(8)过载。如果在测量时,仅最高位显示数字"1",其他位均消失,说明仪表已发生过载,应选择更高的量程。高阻悬空状态的测量同样是显示"1"。

(9)保持键。保持键为 HOLD 按键,按下此键即可将现在的读数保持下来,以便读数和记录使用。在连续测量时不需要按此键,否则仪表不能正常采样和刷新正常值。若开机时固定显示某一值且不随被测量值变化,就是按下 HOLD 键造成的,松开此键即可。

(10)极限值。在输入插孔旁边注明危险标记的数字,代表该插孔输入电压或电流的极限值。一旦超出就有可能损坏仪表,甚至危及操作者安全。

2.3　示波器的使用

示波器是电子测量中最常用的一种仪器。它可以直观地显示电信号的时域波形图像,可以观察各种周期性变化的电压和电流波形,并根据波形测量电信号的幅度、周期、频率、相位等参数。

示波器的种类繁多,根据测量功能主要有模拟示波器和数字存储示波器。

模拟示波器,采用模拟方式直接将模拟信号进行处理和显示,通过 CRT (Cathode Ray Tube 阴极射线管)显像管进行显像。它的原理和显像管电视基本相同,都是通过显像管内部的电子枪向屏幕发射电子,电子束投到屏幕的某处,屏幕后面总会有明亮的荧光物质被点亮,直接反映到屏幕上。

数字示波器,采用 A/D 转换器把被测输入模拟信号波形进行采样、量化和编码,转换成数字信号"0""1"码,然后存储在半导体 RAM(随机存储器)中,这个过程称为存储器的"写"过程;然后在需要的时候,将 RAM 中存储的内容调出来,通过相应的 D/A 转换器,再转换为模拟量显示在示波器的屏幕上,这个过程称为存储器的"读"过程。因此,数字示波器对信号进行数字化处理后再显示。

2.3.1　模拟示波器的使用

模拟示波器的型号多样,但是其调整和使用方法基本相同。现以 YB4328 型模拟示波器为例进行简单介绍,示波器的各个功能开关和旋钮位于前面板,主要包括荧光屏部分、示波管调整部分、垂直偏转部分、水平偏转部分、触发部分。YB4328 型示波器前面板如图 2-5 所示。

1. 荧光屏部分

荧光屏上有刻度,横轴分为 10 大格,纵轴分为 8 大格,每大格又被分为 5 小格。示波器开关上标注的每格(VOLTS/DIV 或 SEC/DIV)指的是大格。

2. 示波管调整部分

示波器调整部分如图 2-5 中 1~6 部分所示,各部分名称及功能见表 2-5。

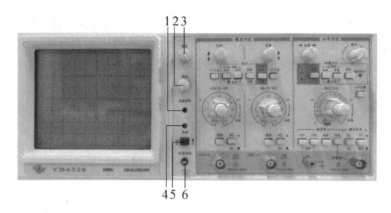

图 2-5　YB4328 型示波器前面板示意图

表 2-5　示波管调整部分说明

序号	名称	功　能
1	辉度(INTENSITY)	调节光迹的亮度。当出现黑屏时,应先检查辉度旋钮
2	聚焦(FOCUS)	调节光迹的清晰度。平时不要随意调节
3	光迹旋转(TRACE ROTATION)	调节光迹与水平刻度线水平。需要专用工具调节。当发现水平基线出现明显倾斜时,需通知维修人员调节
4	电源指示灯(POWER)	电源接通时,灯亮
5	电源开关(POWER)	电源接通或关闭
6	校准信号(PROBE ADJUST)	提供峰峰值 0.5 V,频率 1 kHz 的方波信号,用于校正 10:1 探头的补偿电容器和检测示波器垂直与水平的偏转因数。使用示波器之前,应将示波器探头正极接至该输出,此时在荧光屏区显示标准信号,否则应保修

3.垂直偏转部分、水平偏转部分、触发部分

　　垂直偏转部分、水平偏转部分、触发部分都位于示波器面板左侧的按键旋钮区,其实物面板如图 2-6 所示,各部分名称及功能见表 2-6。

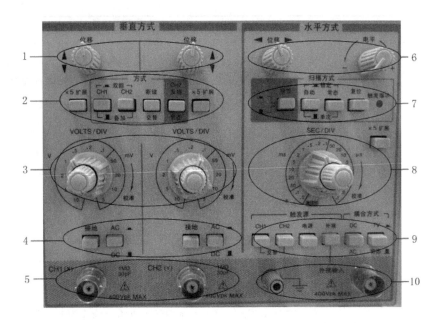

图 2-6　示波器垂直、水平、触发部分实物面板图

表 2-6　模拟示波器垂直、水平、触发部分说明

序号	名称		功　能
1	垂直位移（POSITION） （2 个通道各 1 个）		调节光迹在垂直方向的位置。一般用于 0 电平和荧光屏刻度的对齐
2	＊5 扩展（PULL＊5） （2 个通道各 1 个）		按下，增益扩展 5 倍
	垂直方式	CH1	按下，显示通道 1 的信号
		CH2	按下，显示通道 2 的信号
		交替	两路信号交替显示，适合扫描速率较快时同时观察两路信号
		断续	两路信号断续显示，适合扫描速率较慢时同时观察两路信号
		叠加	单踪显示两个通道的叠加信号。当 CH2 极性开关按下时，则两信号相减
		CH2 反相	按下，CH2 信号被反相；弹出，CH2 信号为常态显示

序号	名称	功　能		
3	通道灵敏度旋钮 (VOLTS/DIV) (2个通道各1个)	选择垂直偏转系数。外圈读数从 5 mV/div～10 V/div 分11挡，内圈旋钮用于微调，只有当内圈旋钮右旋至足位时，才能按照旋钮刻度和屏幕显示幅度读值		
4	耦合方式 (AC GND DC) (2个通道各1个)	输入耦合方式选择。AC：信号中的直流分量被隔开，用于观察信号的交流成分。DC：信号与仪器直接耦合，当需要观察信号的直流分量或被测信号的频率较低时应选用此方式。GND 输入端接地状态，用于确定输入端为 0 电位时光迹所在位置		
5	CH1(X) CH2(Y)	双功能端口，被测信号通过探头引入端子。常规使用时，该端口是被测信号输入端。当显示两路信号之间的 X-Y 关系时（将扫速开关 SEC/DIV 置于 X-Y），CH1(X)表示 X 输入，CH2(Y)表示 Y 输入。 400VpkMAX 表示端子可以承受峰值为 400V 以下的电压信号。 1 MΩ30 pF 表示这个输入端的信号端和地线之间，存在 1 MΩ电阻和 30 pF 电容。对于高输出电阻信号和高频信号，这个参数不可忽视		
6	水平位移 (POSITION)	调节光迹在水平方向的位置。一般用于测量时和荧光屏刻度线的对齐或寻找光点		
	电平(LEVEL)	触发电平旋钮。改变触发电平以稳定显示		
7	极性(SLOPE)	用以选择被测信号在上升沿或下降沿触发扫描		
	扫描方式	自动	自动触发选择。当无触发信号时，屏幕上显示扫描光迹，一旦有触发信号输入，电路自动转换为触发扫描状态，调节电平旋钮可使波形稳定在荧光屏上，此方式适合观察 50Hz 以上频率的信号	
		常态	常态触发选择。无信号输入时，屏幕上无光迹显示，有信号输入时，且触发电平旋钮在合适位置上，电路被触发扫描，当被测信号频率低于 50Hz 时，必须选择该方式	
		锁定	仪器工作在锁定状态后，无需调节电平旋钮即可使波形稳定地显示在荧光屏上	

序号	名称		功　能
7	扫描方式	单次	用于产生单次扫描,进入单次状态后,按动复位键,电路工作在单次扫描方式下,扫描电路处于等待状态,当触发信号输入时,扫描只产生一次,下次扫描需再次按动复位键
	触发指示		两种指示作用。当仪器工作在非单次扫描方式时,该灯亮表示扫描电路工作在被触发状态;当仪器工作在单次扫描方式时,该灯亮表示扫描电路在准备状态,此时若有信号输入将产生一次扫描,指示灯随之熄灭
8	扫描速率旋钮(SEC/DIV)		改变扫描速度,可将波形展宽或者变窄。根据被测信号频率高低,选择合适挡级。外圈从 $0.1\ \mu s/DIV \sim 0.2\ s/div$,分 20 挡。内圈微调旋钮右旋至足位时,可按开关度盘位置和屏幕水平轴的距离读出被测信号的时间参数
	＊5 扩展		按下,水平速率扩展 5 倍。或者说实际值变为读数值的 1/5
9	触发源	CH1	双踪显示时,触发信号来自 CH1 通道,单踪显示时,触发信号则来自被显示的通道
		CH2	双踪显示时,触发信号来自 CH2 通道,单踪显示时,触发信号则来自被显示的通道
		交替	双踪交替显示时,触发信号交替来自于两个 Y 通道,此方式用于同时观察两路不相关的信号
		电源	无论单双踪,触发信号来自于市电
		外接	无论单双踪,示波器将"外接输入"端子的外信号作为触发源
	触发源耦合方式	AC/DC	按下为 DC,直接进入触发电路;弹出为 AC,被选择的触发源经隔直后进入触发电路。当选择外触发源且信号频率很低时,应置于 DC 位置
		常态/TV	一般置常态位置,仅需观察电视信号时,按下此键置于 TV 状态
10	地		机壳接地端
	外接输入		外部触发信号端子。当选择外触发方式时,触发信号由此端口输入

4. 模拟示波器探头

　　模拟示波器探头为专用探头,是连接示波器与被测电路的测试线,实物图如图 2-7 所示。常用的无源探头输入阻抗为 10 MΩ,17 pF(探头上的开关在×10 位置),其内部构成是一个 RC 并联电路,探头内的 RC 与示波器的输入电阻 R、输入电容 C 共同组成 RC 宽频带衰减器,衰减比为 10∶1。

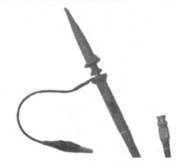

图 2-7　模拟示波器探头

　　特别是探头上的开关在×1 位置时,不仅输入阻抗降低,而且带宽也下降。因此,如果没有必要,则不要将开关放在×1 位置,尤其是测量高频信号时。

　　探头使用前应接入校准信号源观察波形,如果波形失真,则需要用小起子调节探头补偿旋钮,直至波形正常。

2.3.2　数字示波器的使用

　　数字示波器的前端电路与模拟示波器基本相同,仅后续电路区别较大。数字示波器具有多种波形分析、数学运算功能,波形、设置和位图存储以及波形和设置再现功能,自动波形、状态设置功能,自动光标跟踪测量功能,独特的波形录制和回放功能,同时还支持即插即用 USB 存储设备,并具备通过 USB 存储设备与计算机通信,进行软件升级等功能。

　　数字示波器的显示屏、各功能开关、按键、旋钮、通道标志位均位于前面板,其操作方式与模拟示波器也很类似。

　　现以 UTD2052CL 型数字示波器为例进行简单介绍。UTD2052CL 型数字示波器前面板实物图如图 2-8 所示。液晶显示屏位于左侧,一些功能区和若干常用功能键位于右侧,每个功能区都在一个方框内,同时包含些许按键和旋钮,每个按键都有各自对应的菜单,操作时在点亮的屏幕中可通过 F1～F5 菜单操作按键进行菜单选择设置。数字示波器前面板各功能区介绍见表 2 - 7。

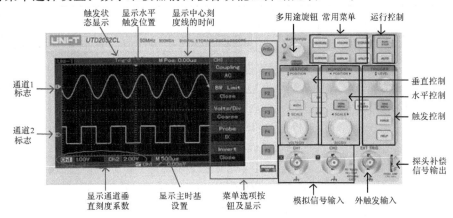

图 2 - 8　UTD2052CL 型数字示波器前面板实物图

表 2 - 7　数字示波器前面板各功能区说明

序号	名称	作用
1	液晶显示区	高清晰 LCD 显示器具有 320×240 分辨率
2	多用途旋钮	调整正在设置的菜单中的数字信息,右旋增大数值,左旋减小数值
3	常用菜单区	MEASURE 用于自动测量。 ACQUIRE 是采样系统设置。 STORAGE 是储存/读取 USB 和内部存储器的图像、波形和设定储存。CURSOR 是为水平与垂直设定的光标。 DISPLAY 是显示模式的设定。 UTILITY 是系统设定
4	运行控制区	RUN/STOP 是运行或停止波形采样。 AUTO 是自动搜寻所有通道信号并显示
5	水平控制区 (HORIZONTAL)	POSITION 波形水平调节旋钮,左右旋转此按钮可左右移动波形的水平位置。 HORI MENU 波形扩展按钮,可对波形全屏扩展显示。 SCALE(SEC/DIV)时基挡位调节旋钮,左右旋转此旋钮可调整时基挡位,也就是可左右伸缩波形,让波形变得疏密显示

序号	名称	作用
6	垂直控制区（VERTICAL）	POSITION 波形垂直调节旋钮,左右旋转此按钮可上下移动波形的垂直位置 SCALE(VOLTS)幅度挡位调节旋钮,左右旋转此旋钮可调整所选通道波形的显示幅度 MATH 数学运算功能按钮,当此按钮点亮时打开数学运算功能:包括＋、－、＊、FFT 功能
7	触发控制区（TRIGGER）	LEVEL 触发电平旋钮,改变触发电平,随旋钮转动而上下移动。在移动触发电平的同时,可以观察到屏幕下部触发电平的数值发生相应变化 TRIGGER MENU 改变触发设置 FORCE 强制产生一触发信号,主要用于触发方式中的正常和单次模式 HELP 帮助按钮,按下此按钮即进入帮助菜单
8	模拟信号输入	通道 1:CH1;通道 2:CH2
9	外触发输入	EXT TRIG 外部触发信号端子。当选择外触发方式时,触发信号由此端口输入
10	探头补偿信号输出	探头校准信号,输出幅值 3 V,频率 1 kHz 的校准方波信号
11	CH1/CH2 按键	CH1:通道 1 按钮,按钮灯亮表示当前通道打开,在此按钮菜单下可选择探头衰减、输入耦合方式以及打开数字滤波 功能。 CH2:通道 2 按钮,按钮灯亮表示当前通道打开,在此按钮菜单下可选择探头衰减、输入耦合方式以及打开数字滤波功能
12	SET TO ZERO	该键用来将垂直位移、水平位移、触发释抑的位置回到零点（中点）
13	PrtSc	屏幕拷贝功能
14	F1-F5	对应不同的功能键,菜单会有所不同

数字示波器的探头和模拟示波器的探头类似,只有比较高挡的示波器上 GHz 的有源差分探头才会不兼容。一般情况下,300 MHz 以下的示波器探头都是通用的,只要注意带宽即可。

2.4 函数信号发生器

信号发生器又称信号源,是产生测量系统所需参数的电测试信号的仪器。函数信号发生器能够产生多种函数波形信号,如正弦波、方波、三角波、锯齿波等,使用方便。一般信号发生器还具有数字频率计、计数器和电压显示的功能。

按信号波形可分为正弦信号、函数信号、脉冲信号和随机信号发生器等。其中函数信号发生器又称波形发生器,它能产生某些特定的周期性时间函数波形(主要是正弦波、方波、三角波、锯齿波和脉冲波等)信号。

按照工作频率可分为超低频、低频、视频、高频、甚高频、超高频信号发生器。

按照调制方式可分为调幅、调频、调相等类型。

现以 YB1602P 型功率函数信号发生器为例进行简单介绍。YB1602P 型功率函数信号发生器面板如图 2-9 所示。三种波形发生电路产生的波形经过函数选择电路选取一种,然后调节波形的频率、幅度、占空比后输出。YB1602P 除上述功能外,还可以输出功率、调频和扫频。

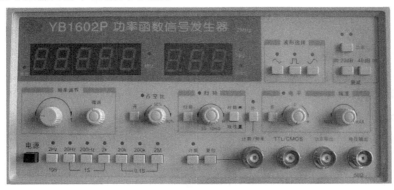

图 2-9　YB1602P 功率函数信号发生器示意图

1. YB1602P 型函数发生器技术指标

1)电压输出(VOLTAGE OUT)

(1)频率范围:0.2 Hz～2 MHz,按十进制分成七挡,每挡可根据 0.1～1 的调整率进行频率粗调,也可以进行频率微调。

(2)输出波形:正弦波、方波、三角波、脉冲波、斜波、50 Hz 正弦波。

(3)输出阻抗:函数输出 50 Ω,TTL/CMOS 输出 600 Ω。

(4)输出信号类型:单频信号、调频信号、扫频信号。

(5)扫频类型:线性、对数扫描方式,扫频速率为 10 ms～5 s。

(6)外调频电压:电压范围 0～3 V_{p-p},外调频频率为 10 Hz～20 kHz。

(7)输出电压幅度:函数输出时,负载为 1 MΩ 时的输出电压幅度为 20 V_{p-p},负载为 50 Ω 时的输出电压幅度为 10 V_{p-p};TTL/CMOS 输出时,"0"时输出电压幅度小于等于 0.6 V;"1"时输出电压幅度大于等于 2.8 V。

(8)输出保护:短路,抗输入电压:±35 V(1 min)。

(9)正弦波失真度:采用数字合成技术产生的正弦波存在波形失真,其失真度大小既与正弦函数一个周期内的转换点数有关,也与 D/A 转换器的字长有关。YB1602P 型函数发生器当小于等于 100 kHz 时,正弦波失真度为 2%;当大于 100 kHz 时,正弦波失真度为 30 dB。

(10)三角波线性:当小于等于 100 kHz 时,三角波线性为 98%;当大于 100 kHz 时,三角波线性为 95%。

(11)频率响应:±0.5 dB

(12)占空比调节:20%～80%

(13)方波上升时间:幅值为 5 V_{p-p},频率为 1 MHz 的方波,其上升时间为 100 ns。

2)频率计数

(1)测量精度:5 位±1%±1 个字。这里"n 个字"所表示的误差值是数字仪表在给定亮限下的分辨力的 n 倍,及末位一个字所代表的被测量量值的 n 倍。

(2)分辨率:0.1 Hz。

(3)外测频范围:1 Hz～10 MHz。

(4)外测频灵敏度:100 mV。

(5)计数范围:五位(99999)。

3)功率输出

(1)频率范围(3 dB 带宽):20 kHz,共分为 5 挡。

(2)输出电压:35 V_{p-p},输出功率大于等于 10 W。

(3)直流电平偏移范围:+15～-15 V。

(4)输出负载阻抗:输出电压小于等于 35 V_{p-p} 时,输出正弦波、三角波的负载阻抗为 15 Ω,输出方波的负载阻抗为 30 Ω;输出电压小于等于 30 V_{p-p} 时,输出正弦波、三角波的负载阻抗为 10 Ω,输出方波的负载阻抗为 16 Ω;输出电压小于等于 25 V_{p-p} 时,输出正弦波、三角波的负载阻抗为 8 Ω,输出方波的负载阻抗为 10 Ω;输出电压小于等于 20 V_{p-p} 时,输出正弦波、三角波的负载阻抗为 8 Ω,输出方波的负载阻抗为 8 Ω。

(5)输出过载指示:指示灯亮。

4)幅度显示

显示位数为三位;显示单位为 V_{p-p} 或 mV_{p-p};显示误差为 ±15%±1 个字;负

载电阻为 1 MΩ 时,显示数值直接读取,负载电阻为 50 Ω 时,读数除以 2;分辨率为 1 mV_{p-p}(40 dB)。

5)电源

电压为 220±10％V,频率为 50±5％Hz,视在功率约为 10 VA。

2. YB1602P 面板上的基本控制开关和旋钮

(1)电源开关(POWER)。将电源开关按键弹出即为"关"位置,将电源线接入,按电源开关以接通电源。

(2)LED 显示窗口。此窗口只是输出信号的频率,当"外测"开关按入,显示外测信号的频率。如超出测量范围,溢出指示灯亮。

(3)频率调节旋钮(FREQUENCY)。调节此旋钮改变输出信号频率,顺时针旋转,频率增大,逆时针旋转,频率减小,微调旋钮可以微调频率。

(4)占空比(DUTY)。占空比开关,占空比调节旋钮,将占空比开关按入,占空比指示灯亮,调节占空比旋钮,可改变波形的占空比。

(5)波形选择开关(WAVE FORM)。按对应波形的某一键,可选择需要的波形。

(6)衰减开关(ATTE)。电压输出衰减开关,两挡开关组合为 20、40、60 dB。

(7)计数、复位开关。按计数键,LED 显示开始计数,按复位键,LED 显示为 0。

(8)计数/频率端口。计数、外测频率输入端口。

(9)电平调节。按入电平调节开关,电平指示灯亮,此时调节电平调节旋钮,可改变直流偏置电平。

(10)幅度调节旋钮(AMPLITUDE)。顺时针调节此旋钮,增大电压输出幅度。逆时针调节此旋钮,可减小电压输出幅度。

(11)电压输出端口(VOLTAGE OUT)。

(12)TTL/CMOS 输出端口。由此端口输出 TTL/CMOS 信号。

(13)功率输出端口。输出功率。

(14)扫频。按入扫频开关,电压输出端口输出信号为扫频信号,调节速率旋钮,可改变扫频速率,改变线性/对数开关可产生线性扫频和对数扫频。

(15)电压输出指示。三位 LED 显示输出电压值,输出接 50 Ω 负载时应将读数除以 2。

3. YB1602P 基本操作方法

打开电源开关之前,首先检查输入的电压,将电源线插入后面板上的按键,弹出即为"关"位置,将电源线接入电源插孔。各控制键:电源(POWER)、衰减开关(ATTE)、外测频(COUNTER)、电平、扫频、占空比均为弹出状态。

函数信号发生器默认 10 k 挡正弦波,LED 显示窗口为本机输出信号频率。

1)三角波、方波、正弦波产生

(1)将电压输出信号由幅度(VOLTAGE OUT)端口通过连接线送入示波器 Y 输入端口。

(2)将波形选择开关(WAVE FORM)分别按在正弦波、方波、三角波。此时示波器屏幕上分别显示正弦波、方波和三角波。

(3)改变频率选择开关,示波器显示的波形以及 LED 窗口显示的频率将发生明显变化。

(4)幅度旋钮(AMPLITUDE)顺时针旋转至最大,示波器显示的波形幅度将 $\geqslant 20V_{p-p}$。

(5)将电平开关按入,顺时针旋转至最大,示波器波形向上移动,逆时针旋转,示波器波形向下移动,最大变化量±10 V 以上。如信号超过±10 V 或±5 V(50 Ω),则会被限幅。

(6)按下衰减开关,输出波形将被衰减。

2)计数、复位

(1)按复位键,LED 显示全为 0。

(2)按计数键,计数/频率输入端输入信号时,LED 显示开始计数。

3)斜波产生

(1)波形开关置于“三角波”。

(2)占空比开关按入指示灯亮。

(3)调节占空比旋钮,三角波将变成斜波。

4)外测频率

(1)按入外测开关,外测频指示灯亮。

(2)外测信号由计数/频率输入端输入。

(3)选择适当的频率范围,由高量程向低量程选择合适的有效数,确保测量精度。若有溢出指示,则提高一挡量程。

5)TTL 输出

(1)TTL/CMOS 端口接示波器 Y 轴输入端(DC 输入)。

(2)示波器将显示方波或者脉冲波,该输出端可作为 TTL/CMOS 数字电路实验时钟信号源。

6)扫频(SCAN)

(1)按入扫频开关,此时幅度输出端口输出的为扫频信号。

(2)线性/对数开关,在扫频状态下弹出时为线性扫频,按入时为对数扫频。

(3)调节扫频旋钮,可改变扫频速率,顺时针调节,增大扫频速率;逆时针调节,减小扫频速率。

7)VCF(压控调频)

由 VCF 输入端口输入 0～5 V 的调制信号。此时,幅度输出端口输出为压控信号。

8)调频(FM)

由 FM 输入端口输入电压为 10～20 Hz 的调制信号,此时幅度端口输出为调频信号。

9)50Hz 正弦波

由交流 OUTPUT 输出端口输出 50Hz 约 2 V_{p-p} 的正弦波。

10)功率输出

按入功率按键,上方左边侧指示灯亮,功率输出端口有信号输出,改变幅度电位器输出幅度随之改变,当输出过载时,右侧指示灯亮。

2.5 直流稳压电源的使用

直流稳压电源的作用:将 220 V 交流电源经过降压、整流、滤波和稳压产生稳定的直流电压,为电子器件提供工作电源。直流稳压电源包括恒压源和恒流源,恒压源提供可调直流电压,其伏安特性十分接近理想电压源;恒流源提供可调直流电流,其伏安特性十分接近理想恒流源。直流稳压电源的种类和型号很多,是电子制作中必不可少的仪器设备,选择时要注意它的电压调整范围和最大输出电流。

现在以 SS3323 型可跟踪直流稳压电源为例,简单介绍直流稳压电源各功能键的作用。SS3323 性能:输出可调电压 0～32 V 两路;具有过流保护系统 0-3;输出固定电压 5 V1 路;三路电源独立,有电流、电压显示。

SS3323 型可跟踪直流稳压电源面板如图 2-10 所示,EE1643 函数发生器按键功能说明见表 2-8。

表 2-8　SS3323 函数发生器按键功能说明

序号	名称	功能
1	电源开关	开关按下,置于"ON"时,仪器处于"开"状态;开关弹起,置于"OFF"时,仪器处于"关"状态
2	输出开关	电源在输出状态,必须按下 OUTPUT 键,才有输出
3	从路电压、电流显示屏	LED 显示从路 CH2 的电压值、电流值
4	主路电压、电流显示屏	LED 显示主路 CH1 的电压值、电流值

序号	名称	功能
5	从路电压、电流调节旋钮	调节从路 CH2 输出电压、电流值。当工作于稳压或稳流状态时,相应指示灯(稳压 CV,稳流 CC)亮起
6	从路输出接线端	从路 CH2 输出正极、负极。输出电压的负极,接负载负端
7	两路电源控制开关	独立:左、右均弹出;串联:左按下、右弹出;并联:左、右均按下
8	接地端	与机壳、电源输入地线连接
9	主路输出接线端	主路 CH1 输出正极、负极。输出电压的负极,接负载负端
10	主路电压、电流调节旋钮	调节主路 CH1 输出电压、电流值。当工作于稳压或稳流状态时,相应指示灯(稳压 CV,稳流 CC)亮起
11	固定输出端	5 V/3 A 固定输出端
12	固定输出显示选择	按下,则在 4 处显示 CH3 固定输出端参数值

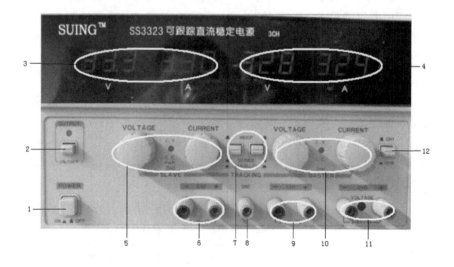

图 2 - 10　SS3323 型可跟踪直流稳压电源面板示意图

1.直流稳压电源的使用方法

1)双路电源独立使用

(1)将开关7的左右两侧从主路电源工作状态控制开关全部置于弹起位置,使从、主路的输出电路均处于独立的工作状态。

(2)作为恒压源使用:将5和10中的电流调节旋钮CURRENT顺时针调节到最大,然后打开电源开关1,并分别调节5和10中的电压调节旋钮VOLTAGE,使从路和主路输出直流电压调至所需的电压值,对应的稳压状态指示灯CV亮起,此时,直流稳压电源工作在恒压状态。如果负载电流超过电源最大输出电流,CC灯亮,则电源自动进入恒流(限流)状态,随着负载电流的增大,输出电压会下降。

(3)作为恒流源使用:打开电源开关1以后,先将5和10中的电压调节旋钮VOLTAGE顺时针调节到最大,同时将5和10中的电流调节旋钮CURRENT逆时针调节到最小,然后接上负载,再顺时针调节5和10中的电流调节旋钮CUR-RENT,将输出电流调节至所需的电流值,对应的稳流状态指示灯CC亮起,此时,直流稳压电源工作在恒流状态,恒流输出电流为调节值。如果负载电流未达到调节值,则CV灯亮,此时直流稳压电源还是工作在恒压状态。

2)双路电源串联使用

将开关7中左侧从路电源工作状态控制开关按下,右侧主路电源工作状态控制开关弹起,此时5和10中对应的工作状态指示灯CV均亮起,两路电源串联。顺时针转动5和10中的电流调节旋钮CURRENT至最大,调节主路10中的电压调节旋钮VOLTAGE,从路输出电压将完全严格跟踪主路输出电压变化,其输出电压为两路输出电压之和,即主路输出9的正端(+)与从路输出6的负端(-)之间的电压值,最高输出电压可达两路电压的额定输出电压之和。

注意:当两路电源串联使用时,两路的输出电压是由主路控制的,但是两路的电流调节仍然是独立的,如果从路的电流调节不在最大,而在某限流值上,当负载电流大于该限流值时,则从路工作于限流状态,从路的输出电压将不再跟踪主路的输出电压。所以,两路串联时应将从路5中的电流调节旋钮CURRENT顺时针旋至最大。

3)双路电源并联使用

将开关7的左右两侧从主路电源工作状态控制开关全部置于按下位置,两路电源并联,调节主路电压调节旋钮VOLTAGE,即可调节输出电压,两路输出电压一样。

注意:当两路电源并联使用时,电流由主路电流调节旋钮调节,其输出最大电流为两路额定电流之和。

2. 直流稳压电源的注意事项

（1）若电源只带一路负载时，为延长机器的使用寿命，减少功率管的发热量，一般应在主路 CH1 上使用。

（2）两路输出负端（－）与接地端（GND）不应有连接片，否则会引起电源短路。

（3）连接负载前，应调节电流调节旋钮使输出电流大于负载值，以有效保护负载。

（4）电源在输出状态，必须按下 OUTPUT 键才有输出。

（5）一般不使用电源的串、并联，所以中间两按键不要按下。

（6）一般使用时，把电流旋钮（CURRENT）旋至最大。

2.6　毫伏表的使用

毫伏表又叫电子电压表，专门用于测量交流电压的大小，其特点如下：

（1）灵敏度高。可以测量毫伏级的电压。

（2）测量频率范围宽。上限至少可达数百千赫。

（3）输入阻抗高。一般毫伏表的输入阻抗可达几百千欧至几兆欧，输入阻抗越高，对被测电路的影响越小。

以 YB2172 型毫伏表为例，仪表板如图 2-11 所示。

图 2-11　YB2172 型毫伏表示意图

1.YB2172 毫伏表的技术指标

1)使用特性

(1)电压测量范围。100 μV～300 V,量程有 1 mV,3 mV,10 mV,30 mV,100 mV,300 mV,1 V,3 V,10 V,30 V,100 V,300 V 等 12 挡。

(2)频率范围。5 Hz～2 MHz。

2)性能指标

(1)分贝量程。-60～+50 dB。

(2)电压误差。1 kHz 为基准,满度小于等于±3%。

3)频率响应

20 Hz～200 kHz 时,小于等于±3%;5 Hz～20 Hz 和 200 kHz～2 MHz 时,小于等于±10%。

4)输入阻抗

1 MΩ;输入电容:50 pF。

5)最大输入电压(直流 交流峰值)

100 μV～1 V 量程时,最大输入电压为 300 V;3 V～300 V 量程时,最大输入电压为 900 V。

6)输出电压

0.1 V±10%,1 kHz。

7)电源电压

220 V,50 Hz。

2.YB2172 毫伏表的使用方法

1)使用之前的检查步骤

(1)检查表针:检查表针是否指在机械零点,如有偏差,请将其调至机械零点。

(2)检查量程:检查量程旋钮是否指在最大量程处(YB2172 应指在 300 V 处),如有偏差,请将其调至最大量程处。

(3)检查电压:在接通电源之前应检查电源电压,接至交流 220V;确保所用的保险丝是指定型号。

2)基本使用方法

(1)设定各个控制键。

电源(POWER)开关:电源开关键弹出。

表头机械零点:调至零点。

量程旋钮:设定最大量程处。

(2)将输入信号由输入端口(INPUT)送入交流毫伏表。

(3)调节量程旋钮,使表头指针位置在大于或等于满度的1/3处。

(4)将交流毫伏表的输出用探头送入示波器的输入端,当表针指示位于满刻度时,其输出应满足指标。

3)dB量程的使用

(1)刻度值。表头有两种刻度:①1 V作0 dB的dB刻度值;②0.755作0 dBm(1 mW600 Ω)的dBm的刻度值。

(2)dB量程。"Bel"是一个表示两个功率比值的对数单位,1 dB=1/10 Bel。

dB被定义如下:dB=10 lg(P_2/P_1)如功率P_2、P_1的阻抗是相等的,则其比值也可以表示为:dB=20 lg(E_2/E_1)=20 lg(I_2/I_1)。

dB原是作为功率的比值,不过其他值的对数(例如电压的比值或电流的比值),也可以称为"dB"。

例如:当一个输入电压幅度为300 mV,其输出电压为3 V时,其放大倍数是:3 V/3 mV=100倍;也可以用dB表示如下:放大倍数=20 lg3 V/3 mV=20 dB

dBm是dB(mW)的缩写,它表示功率与1 mW的比值,通常"dBm"暗指一个600 Ω的阻抗所产生的功率,因此"dBm"可被认为:1 dBm=1 mW或者0.755 V或1.291 mA。

(3)功率或电压的电平由表面读出的刻度值与量程开关所在的位置相加而定。

3. YB2172毫伏表使用注意事项

(1)避免过冷或过热。不可将交流毫伏表长期暴露在日光下,或接近热源的地方,如火炉。不可在寒冷天气放在室外使用,仪器工作温度应是0~40 ℃。

(2)避免炎热与寒冷环境的交替。不可将交流毫伏表从炎热的环境中突然转到寒冷的环境或反向进行,这将导致仪器内部形成凝结水。

(3)避免湿度水分和灰尘。如果将交流毫伏表放在湿度大或灰尘多的地方,可能导致仪器操作出现故障,最佳使用相对湿度范围是35%~90%。

(4)避免通风孔堵塞。不可将物体放置在交流毫伏表上,不可将导线或针插进通风孔。

(5)避免外部伤害。仪器不可遭到强烈的撞击,不可用连接线拖拉仪器,不可将烙铁放置在仪器框或表面,避免长期倒置存放和运输,不可将磁铁靠近表头。

第3章　焊接工艺

焊接是电子产品组装过程中的重要工艺。焊接质量的好坏,直接影响电子电路及电子装置的工作性能。优良的焊接质量,可为电路提供良好的稳定性、可靠性;不良的焊接会导致元器件损坏,给测试带来很大困难,有时还会留下隐患,影响电子设备的可靠性。随着电子产品复杂程度的提高,使用的元器件越来越多,有些电子产品(尤其是有些大型电子设备)要使用几百上千个元器件,焊点数量则成千上万。因此,焊接质量优良与否是电子产品质量好坏的关键。

3.1　焊接的基础知识

3.1.1　焊接的概念和分类

焊接,一般是指用加热或加压或两者并用的方式,在金属工件的连接处形成合金层,使金属工件结合在一起的一种工艺。它是把各种各样的金属零件按设计要求组装起来的重要连接方式之一。焊接具有节省金属、减轻重量、生产效率高、接头机械性能和紧密性好等特点,因而得到广泛的应用。

在生产中使用较多的焊接方法主要有熔焊、压焊和钎焊3大类。

1. 熔焊

熔焊是在焊接过程中将工件接口的金属局部加热至熔化状态,使它们的原子充分扩散,冷却凝固后连接成一个整体的方法。

2. 压焊

压焊是在加压条件下,使两工件在固态下实现原子间结合,又称固态焊接。常用的压焊工艺是电阻对焊,当电流通过两工件的连接端时,该处因电阻很大而温度上升,当加热至塑性状态时,使之形成金属结合的一种连接方法。

3. 钎焊

钎焊是在焊接过程中熔入低于金属工件熔点的第三种物质,称为"钎焊",所加熔进去的第三种物质称为"焊料"。即使用比工件熔点低的金属材料作焊料,将工件和焊料加热到高于焊料熔点、低于工件熔点的温度,利用液态焊料润湿工件,填充接口间隙并与工件实现原子间的相互扩散,从而实现焊接的一种方法。

按焊料熔点的高低又将钎焊分为硬焊接和软焊接,通常以 450 ℃为界,焊料熔点高于 450 ℃的称为"硬焊接",焊料熔点低于 450 ℃的称为"软焊接"。

焊接过程中主要用锡、铅等低熔点合金做焊料的俗称"锡铅焊",简称"锡焊",它是软焊接的一种。

锡焊方法简单,容易掌握,在维修中如若需要拆除和重焊也都比较容易,而且成本不高,尤其在手工焊接中需要的工具也相对简单。因此,在电子装配中,锡焊一直是使用比较广泛的一种焊接方法。

本章所讲的焊接工艺特指电子产品生产工艺中的锡焊。

3.1.2 焊接的物理过程

任何焊接从物理学的角度看,都是一个"扩散"的过程,是一个在高温下两个物体表面分子互相渗透的过程,充分理解这一点是迅速掌握焊接技术的关键。

锡焊,就是让熔化的焊锡分别渗透到两个被焊物体的金属表面分子中,冷却凝固后使之结合。被焊物体的金属可以是元器件引出脚、电路板焊盘(pad)或者导线。

当一个合格的焊接过程完成后,在以上两个界面上都必定会形成良好的扩散层,如图 3-1 所示的焊接的物理过程示意图。在界面上,高温促使焊锡分子向元器件引出脚的金属中扩散,同时,引出脚的金属分子也向焊锡中扩散。两种金属的分子都向对方逐渐过渡,这样原来界面的明显界限就逐渐模糊,于是元器件引出脚和焊盘就通过焊锡紧紧结合在一起。

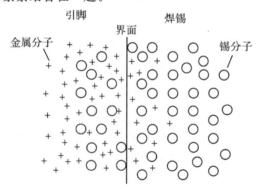

图 3-1　焊接的物理过程示意图

以元器件引出脚和电路板焊盘的焊接为例,如图 3-2 所示,这里面的两金属

（引脚和焊盘）之间有两个界面：其一是元器件引脚与焊锡之间的界面，其二是焊锡与焊盘之间的界面。

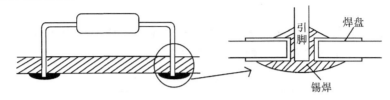

图 3-2　元件引脚和焊盘的焊接界面

从以上分析可知：焊接过程的本质是"扩散"，焊接不是"粘"，也不是"涂"，而是焊料"浸润——熔入"，焊料和金属工件相互"扩散——凝固"，最后在它们的接触面形成"合金层"的过程。

3.1.3　焊接成功的条件

要使焊接成功，必须形成扩散层或称合金层，这就必须满足以下几个条件。

（1）两金属表面能充分接触，中间没有杂质隔离，例如：氧化膜、油污等。

（2）温度足够高，要将焊料熔融。

（3）时间足够长，合金层形成良好。

（4）焊料的正确选择，适时使用助焊剂。选择焊料时，应注意其成分、性能以及尺寸。在适当的时候选择合适的助焊剂，可以保证焊点的质量。

（5）冷却时，两个被焊物的位置必须相对固定。在凝固时不允许有位移发生，以便熔融的金属在凝固时有机会重新生成其特定的晶相结构，使焊接部位保持应有的机械强度。

根据第（2）和第（3）个条件，应该是温度越高、时间越长，焊接效果越好。然而，受元器件耐温性能和焊剂、焊料等重新氧化的限制，在实际的焊接工艺中，温度和时间都不能过度。但这是迫不得已的，如果仅从形成良好的扩散层来看，温度和时间往往嫌不足，实际上有很多虚焊就是焊接温度和时间不够造成的。因此，大家在学习手工焊接的过程中，应该严格按照焊接步骤，反复练习，不断总结经验，才能熟练掌握手工焊接要领。

3.2　焊 接 材 料

焊接材料在焊接技术中占有重要的地位，选择恰当的焊接材料会提高产品的质量和性能，因此了解焊接材料很有必要。

3.2.1 各种金属的可焊性

金属的可焊性是由金属本身的晶相结构和金属表面的化学活动性质所决定的,表3-1给出了几种常见金属的可焊性次序。

表3-1 常见金属的可焊性次序

好焊←						→难焊		
1	2	3	4	5	6	7	8	9
金	银	紫铜	黄铜	磷铜	镍	锌	铁	铝

表3-1中前三项金属的可焊性很好,用一般的松香助焊剂就可以得到很好的焊接点。黄铜、磷铜则视其成分而定,有的焊接性能尚可,有的则较差,比如有的磷铜比镍、锌还难焊,要使用活性较强的有机焊剂才会较好地吃锡。要在铁的表面焊锡则应该使用助焊性能极强但腐蚀性也大的氧化锌类无机焊剂。而铝由于其在空气中生成氧化膜的速度非常快,氧化铝又很难用酸性的助焊剂来还原,因此要想在铝的表面焊接,就必须采用特别的方法:如用温度高的烙铁,在焊剂中掺入金刚砂,再加上摩擦、超声波振动等手段才行。为了提高元器件的可焊性,元器件出厂时一般都会在引脚上预先搪锡或镀银。

3.2.2 焊料

凡是用来融合两种或两种以上的金属面,使之形成一个整体的金属或者合金都叫焊料,又名钎料。

根据其组成成分,焊料可以分为锡铅焊料、银焊料及铜焊料;按熔点,焊料又可以分为软焊料和硬焊料。

通常所说的在手工电子装配中常用的焊料就是焊锡,它通常是锡(Sn)与另一种低熔点金属——铅(Pb)所组成的合金,是一种软焊料。为了提高焊锡的物理化学性能,有时掺入少量的锑(Sb)、铋(Bi)、银(Ag)等金属,所以焊锡可以是二元合金、三元合金或四元合金。

1.常用焊料

(1)焊锡丝。焊锡丝是手工焊接用的焊料。焊锡丝是管状的,由焊剂与焊锡制作在一起,在焊锡管中夹带固体焊剂(一般选用特级松香为基质材料,并添加一定的活化剂,如盐酸二乙胺等)。焊锡丝实物构造图如图3-3所示。

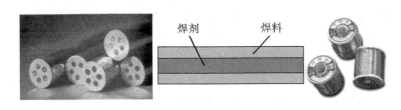

焊剂　　焊料

图 3-3　焊锡丝实物构造图

(2)抗氧化焊锡。抗氧化焊锡是在锡铅合金中加入少量的活性金属,能使氧化锡、氧化铅还原,并漂浮在焊锡表面形成致密的覆盖层,从而保护焊锡不被继续氧化。这类焊锡适用于浸焊和波峰焊。

(3)含银的焊锡。含银的焊锡是在锡铅焊料中添加 0.5%～2.0% 的银,可减少镀银件中的银在焊料中的熔解量,并可降低焊料的熔点。

(4)无铅焊料。无铅焊料中不含有毒元素铅,是以锡为主的一种锡、银、铋合金。由于含有银的成分,提高了焊料的抗氧化性和机械强度,该焊料具有良好的润湿性和焊接性,可用于瓷基元器件的引出点焊接和一般元器件引脚的搪锡。

(5)焊膏。焊膏(俗称银浆)是由高纯度的焊料合金粉末(焊粉)、有机物(包括树脂或一些树脂溶剂混合物,用来调解和控制焊膏的黏性)和少量印刷添加剂(增加黏性,减少焊膏的沉淀)混合而成的浆料,能方便地用丝网、模板或点膏机印涂在印制电路板上,是现代表面贴装技术(SMT)中的一种重要贴装材料。

2.焊锡的规格和选购

焊锡的外形根据需要可以加工成焊条、焊锡带、焊锡圈、焊锡片、焊球、糊状的焊膏等不同形状。

常用的焊锡丝有 Multicore 公司的 Sn60Pb40,Kester 公司的 Sn60Pb40。管状焊锡丝的直径有 0.2～5.0 mm 等十多种规格。焊接穿孔元件可选用 Ø0.5 mm、Ø0.6 mm 的焊锡丝;焊接 SMC(表面组装元件)间距的元器件可用 Ø0.3 mm、Ø0.4 mm 的焊锡丝;焊接密间距的 SMD(表面贴装器件)元器件可选用 Ø0.2 mm 的焊锡丝。

选购焊料时要注意其品牌、型号和质量。即使同样规格、同一牌号的产品,若是不同批的货,焊接性能有时相差甚远,并且成批购入时一定要先做焊接试验。

3.杂质对锡焊的影响

通常将焊锡中除锡、铅以外所含的其他微量金属成分称为杂质金属。杂质金属对焊料性能的影响很大,会影响焊料的熔点、导电性、抗张强度等物理和机械性能。

(1)锑(Sb)。少量锑会使焊锡的机械强度增高,光泽变好,但润滑性变差,对焊接质量产生影响。

（2）银（Ag）。增加导电率，改善焊接性能。含银焊料可以防止银膜在焊接时熔解，特别适合于陶瓷器件上有银层处的焊接，还可用于高挡音响产品的电路及各种镀银件的焊接。

（3）铜（Cu）。铜的成分来源于印制电路板的焊盘和元器件的引线，是焊锡中最难避免的一种杂质，并且铜的熔解速度随着焊料温度的提高而加快。随着铜的含量增加，焊料的熔点增高，焊点变脆，黏度加大，容易产生桥接、拉尖等缺陷。一般焊料中铜的含量允许在 0.3％～0.5％范围内。

（4）铋（Bi）。含铋的焊料熔点下降，当添加 10％以上时，有使焊锡变脆的倾向，冷却时易产生龟裂。加入镉（Cd）、铟（In）等金属可以降低焊料的熔融温度，制成低熔点焊料，但会降低焊料的机械性能。

（5）铁（Fe）。铁难熔于焊料中，它使熔点升高，难以熔接。

（6）锌（Zn）。锌是锡焊最有害的金属之一。焊料中熔进 0.001％的锌就会对焊料的焊接质量产生影响。当熔进 0.005％的锌时，会使焊点表面失去光泽，流动性变差。

（7）铝（Al）。铝也是有害的金属，即使熔进 0.005％的铝，也会使焊锡出现麻点，黏结性变坏，流动性变差。

为了提高焊接的质量，除了选用高质量的合适焊锡外，焊接过程中也应该注意防止杂质的污染对焊接带来不必要的影响。

3.2.3　焊剂

焊剂又称焊钎、钎剂，在整个钎焊过程中焊剂也起着至关重要的作用。

1.焊剂的功能

焊剂一般是具有还原性的块状、粉状或糊状物质。焊剂的熔点比焊料低，其密度、黏度、表面张力都比焊料小，因此，在焊接时，焊剂必定会先于焊料熔化，很快地流浸、覆盖于焊料及被焊金属的表面，起到隔绝空气防止金属表面氧化的作用，从而降低焊料本身和被焊金属的表面张力，增加焊料润湿能力。

2.助焊剂

助焊剂的作用是清除金属表面氧化物、硫化物、油和其他污染物，能在焊接的高温下与焊锡及被焊金属表面的氧化膜反应，使之熔解，还原出纯净的金属表面来，并防止在加热过程中焊料继续氧化。同时，它还具有增强焊料与金属表面的活性、增加浸润的作用。

对助焊剂的要求：①有清洗被焊金属和焊料表面的作用。②熔点要低于所有焊料的熔点。③在焊接温度下能形成液状,具有保护金属表面的作用。④有较低的表面张力,受热后能迅速均匀地流动。⑤熔化时不产生飞溅或飞沫。⑥不产生有害气体和有强烈刺激性的气味。⑦不导电,无腐蚀性,残留物无副作用。⑧助焊剂的膜要光亮,致密、干燥快、不吸潮、热稳定性好。

在电子产品装配中使用较广的助焊剂是松香。它可以直接用电烙铁熔化,蘸着使用,焊接时略有气味,但无毒。松香是天然树脂,是一种在高温下呈浅黄色至棕红色的透明玻璃状固体,它的主要成分为松香酸,在74℃时熔解并呈现出活性,随着温度的升高,酸开始起作用,使参加焊接的各金属表面的氧化物还原、熔解,起到助焊的作用。在加热情况下,松香具有去除焊件表面氧化物的能力,同时焊接后形成的膜层具有覆盖和保护焊点不被氧化腐蚀的作用。

由于固体状松香的电阻率很高,有良好的绝缘性,而且化学性能稳定,对焊点及电路没有腐蚀性、导电性、吸湿性,焊接时没有什么污染,且焊后容易清洗,成本又低,所以松香作为助焊剂至今还被广泛使用。早期无线电工程人员没有松香焊锡丝而使用实芯的焊锡条时,只要有一块松香助焊就可以焊出非常漂亮的焊点来。

松香助焊剂的缺点是酸值低、软化点低(55℃左右),且易氧化,易结晶、稳定性差,焊接时间过长时就会挥发、炭化。因此,将松香作助焊剂使用时要掌握好与烙铁接触的时间。

松香不溶于水,易溶于乙醇、乙醚、苯、松节油和碱溶液,通常可以方便地制成松香酒精溶液供浸渍和涂覆用。

目前,出现了一种新型的助焊剂——氢化松香,我国已开始生产。它是用普通松脂提炼来的,氢化松香在常温下不易氧化变色,软化点高,脆性小,酸值稳定,无毒,无特殊气味,残渣易清洗,适用于波峰焊接。

3. 阻焊剂

阻焊剂是一种耐高温的涂料。在焊接时可将不需要焊接的部位涂上阻焊剂保护起来,使焊接仅在需要焊接的焊接点上进行。应用阻焊剂可以防止桥接、短路等情况发生,减少返修,提高生产效率,节约焊料,提高焊接质量。印刷线路板(PCB)由于阻焊膜的覆盖,焊接时受到热冲击小,使板面不易起泡、分层。阻焊剂广泛用于浸焊和波峰焊。

(1)阻焊剂的优点。

①防止焊锡桥接造成短路。

②使焊点饱满,减少虚焊,而且有助于节约焊料。

③由于板面部分为阻焊剂膜所覆盖,焊接时板面受到的热冲击小,因而不易起泡、分层。

(2)对阻焊剂的要求。阻焊剂是通过丝网漏印方法印制在印制板上的,因此要求它黏度适宜,不封网,不润图像,以满足漏印工艺的要求。阻焊剂应在 250～270 ℃的锡焊温度中经过 10～25 s 而不起泡、脱落,与覆铜箔仍能牢固黏结,具有较好的耐溶剂化学药品性,能经受焊前的化学处理,有一定的机械强度,能承受尼龙刷的打磨抛光处理。

3.3　手工焊接的工具

不同的焊接工艺所选用的焊接工具不同,本节介绍手工焊接的常用焊接工具。

3.3.1　电烙铁

1.电烙铁的功能、构造和工作原理

电烙铁是电子组装时最常用的工具之一,用于焊接、维修及更换元器件等用途。

电烙铁的构造很简单,除了一种手枪式快速电烙铁以外,其余都大同小异,一般都由 5 部分组成:电源线及插头、手柄、烙铁身、烙铁芯(电热器)和烙铁头。

手柄用木头或较耐热的塑料制成,中间的空腔可以打开,空腔中有电热丝和电源线的连接端子,电源线从手柄后端的橡胶护套中穿出,穿出前由一个塑料螺栓或卡子锁住,以利安全。手柄前有铁管做成的烙铁芯,烙铁芯是用细电炉丝分层绕在用云母片绝缘的薄铁管上,烙铁头尾部伸入薄铁管中,薄铁管的前段嵌死在一段套筒里,套筒用来紧固烙铁芯与管身。调节烙铁工作温度时要旋松套筒来紧固烙铁芯的螺钉。烙铁头用单位体积热容量较大、热导率高的紫铜制成。

电烙铁的工作原理简单地说就是一个电热器在电能的作用下,发热、传热和散热的过程。接通电源后,烙铁芯发热,热量先传给烙铁头,使其温度上升,再由烙铁头的表面向周围散发。热量散发的速度与烙铁头和环境温度有关,温差越大热量散发越快;当达到一定的温度后,散热与传热达到动态平衡,电烙铁停止升温,预热阶段完成。此时烙铁头的温度就是这支电烙铁的空载预热温度,一般为摄氏三百多度(℃),超出焊料熔点很多。烙铁芯的热量也会向后传给管身部分,由于管身部分是由一定长度的薄壁钢管制成的,热阻较大,加上有些管身的后段具有散热孔或隔有散热片,所以手柄温升不多。

焊接操作时,当烙铁头的工作面与焊料、工作接触时,由于接触部位的热阻比空气小得多,使得原来的平衡关系马上就被打破,热量通过接触部位传向焊接工作区,使得焊锡、工件的温度很快上升。只要烙铁头的热容量较之于被焊区工件的热容量为足够大,就可以在极短的时间内使得焊锡和工件焊接部位的温度超过焊锡

的熔点而完成焊接的过程,而烙铁头本身温度下降得很少。

2.烙铁的分类

电烙铁有普通电烙铁、调温电烙铁、恒温电烙铁等几种。

1)普通电烙铁

普通的电烙铁就是电热丝式电烙铁,这种电烙铁是靠电流通过电热丝发热而加热烙铁头。普通的电热丝式电烙铁按结构又分为内热式电烙铁和外热式电烙铁两种,其结构和实物分别如图 3-4 和图 3-5 所示。

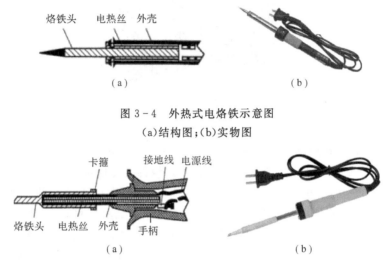

图 3-4　外热式电烙铁示意图
(a)结构图;(b)实物图

图 3-5　内热式电烙铁示意图
(a)结构图;(b)实物图

内热式电烙铁的发热芯与管身一并被套在烙铁头的里面,外形小巧,预热快,热效率高,以功率为 20 W、30 W 的应用较多,但发热芯的可靠性比外热式差,不太适合初学者使用。

外热式电烙铁的发热芯套在烙铁芯外面,结构牢固,经久耐用,热惯性大,工作时温度较为恒定,是目前采用得最为普遍的结构形式。

外热式电烙铁的功率规格齐全,从 20 W 到 300 W 都有。若用于一般的电子电路安装焊接,有一把 20~30 W 的为主,再配一把 45~60 W 的为辅就足够应对了。若要安装电子管扩音机之类的中、大型设备,则应该准备一把 75 W 和一把 150 W 的电烙铁。

不管是内热式还是外热式电烙铁,电烙铁的结构都相对简单,价格也较便宜,但烙铁头的温度不能有效控制,适合于要求不高的场合下焊接。

2)调温电烙铁

用手工焊接表面贴装器件(SMD),或返修 SMD 器件,要求烙铁头的温度稳定,否则,不但会损伤元器件,甚至还会损伤多层 PCB。因此,在这种情况下应使用调温电烙铁,选用恒温电烙铁则更好。调温电烙铁有手动调温和自动调温两种,调温电烙铁如图 3-6 所示。

图 3-6 调温电烙铁示意图

(1)手动调温电烙铁。实际是将烙铁接到一个可调电源上,通过改变调压器输出的交流电压的大小来调节烙铁温度。这种烙铁的温度稳定性不是很好。

(2)自动调温电烙铁。这种烙铁的典型产品如日本白光公司的 HAKKO 系列。它靠温度传感器监测烙铁头的温度,并通过放大器将温度传感器输出信号放大,控制给烙铁供电的电源电压,当烙铁头的温度与设定温度相差较大时,以较高的电压加热,当烙铁头的温度与设定的温度相差较小时,以较低的电压加热。这种烙铁的优点是控温准确(控温精度为±10 ℃),烙铁头加热体电压为低压加热(直流 12 V 或直流 24 V 电源)并符合 ESD 防护的要求;缺点是升温速度慢,控温精度不太理想。

3)恒温电烙铁

所谓恒温电烙铁是指温度非常稳定的电烙铁。典型产品如美国 METICA 公司的 MS-500S。这种烙铁由焊接台、TIP 头和烙铁架三部分组成。其中焊接台是加热电源,输出低压高频电流对烙铁头(TIP 头)加热。此烙铁与普通的电烙铁有根本的区别,普通的电烙铁加热区远离烙铁头并采用恒功率电阻式发热,因此烙铁头升温慢,热惯性大,操作不慎容易损坏芯片。METICA 烙铁头由特殊材料制成,在 TIP 头温度没有达到设定温度时以较大功率工作,当温度接近设定温度时,由于 TIP 头本身电阻的变化,改以较小的功率工作。因此,烙铁头升温迅速,温度稳定并能保证每一个操作者的电烙铁在同样的温度范围内完成焊接工作。恒温电烙铁如图 3-7 所示。

这种电烙铁的工作特点如下:

图 3-7　恒温电烙铁示意图

(1)升温快,TIP 能在 4 s 内自动升温到所需的温度。

(2)温度稳定性好,TIP 头的加热温度可达到的精度为±1.1 ℃。

(3)符合 ESD 防护的标准,特别适合微型电子组件的手工焊接和返修。

TIP 头的选择:

METICA 烙铁有很多种的 TIP 头可供使用者选用。选择烙铁头要考虑以下几个因素:所需的焊接温度;焊接元件的种类与元件引脚的尺寸大小。

3.电烙铁的选用

电烙铁的种类及规格有很多种,而且被焊工件的大小又有所不同,因而合理地选用电烙铁的功率及种类,与提高焊接质量和效率有直接的关系。选用电烙铁时,可以从以下几个方面进行考虑。

(1)焊接集成电路、晶体管及受热易损元器件时,应选用 20 W 内热式或 25 W 外热式电烙铁。

(2)焊接导线及同轴电缆时,应选用 45～75 W 外热式电烙铁或 50 W 内热式电烙铁。

(3)焊接较大的元器件时,如行输出变压器的引线脚、大电解电容器的引线脚、金属底盘接地焊片等,应选用 100 W 以上的电烙铁。

4.电烙铁的三种握法

电烙铁的三种握法如图 3-8 所示,分别是反握法、正握法和握笔法。

(1)反握法。反握法就是用五指把电烙铁的柄握在掌内。此法适用于大功率电烙铁,捍接散热量较大的被焊件。

(2)正握法。正握法使用的电烙铁也比较大,且多为弯形烙铁头。

(3)握笔法。此法适用于小功率的电烙铁,焊接散热量小的被焊件,如焊接收音机、电视机的印刷电路板及其维修等。

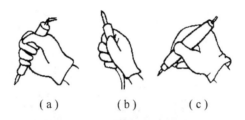

图 3-8　电烙铁的三种握法示意图

(a)反握法；(b)正握法；(c)握笔法

5.烙铁头

电烙铁的易损件是烙铁头和烙铁芯,烙铁头和烙铁芯单独作为配件在市面上有售。烙铁发热芯比较单一,只要尺寸一致、功率相同即可。

烙铁头的外形主要有直头、弯头之分。工作端的形状有锥形、铲形、斜劈形、专用的特制形等。但通常小功率电烙铁以使用直头锥形的为多,弯头铲形的则比较适合于75W以上的电烙铁。烙铁头形状的选择可以根据加工的对象个人的习惯来决定,常用的手工焊接烙铁头如图3-9所示。

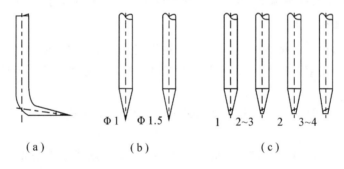

图 3-9　烙铁头的形状示意图

(a)弯形烙铁头；(b)圆锥形烙铁头；(c)凿形烙铁头

普通电烙铁头都是用热容比大、热导率高的纯铜(紫铜)制成的。锡和铜之间有很好的亲和力,因此熔融的焊锡才会很容易地被吸附在烙铁头上任由调度。然而铜和锡在一起容易生成铜锡合金,而铜锡合金的熔点大大低于纯铜的熔点,这样铜锡合金在电烙铁的工作温度下会局部熔解,其熔解的速度与温度成正比。烙铁头的工作面上各点的温度不会完全一样,温度高的地方铜金属消耗较快,使工作面形成凹陷,凹陷的表面使温度更集中,局部熔解的速度加快。这样恶性循环,于是在烙铁头原来平整的工作面上就会出现一个很深的凹坑,使人们不得不重新加工修整、上锡。结果,一支烙铁头用不了多久要报废,不时的修整工作也带来很大的麻烦。

如何保护烙铁头呢？第一次使用电烙铁时，必须让烙铁头"吃锡"；平时不用烙铁的时候，要让烙铁头上保持有一定量的锡，不可把烙铁头在海绵上清洁后存放于烙铁架上；海绵需保持有一定量水份，致使海绵一整天湿润；拿起烙铁开始使用时，需清洁烙铁头，但在使用过程中无须将烙铁头拿到海绵上清洁，只需将烙铁头上的锡搁入集锡硬纸盒内，这样保持烙铁嘴的温度不会急速下降，若IC上尚有锡提取困难，再加一些锡上去（因锡丝中含有助焊剂），就可以轻松地提取多余的锡下来了；烙铁温度在340~380 ℃为正常情况，部分敏感元件只可接受240~280 ℃的焊接温度；烙铁头发黑，不可用刀片之类的金属器件处理，而是要用松香或锡丝来解决；每天用完后，先清洁，再加足锡，然后马上切断电源。

3.3.2 其他工具

焊接所用的其他工具还有烙铁架、吸锡器、镊子、尖嘴钳、斜口钳、剥线钳、小刀、放大镜和台灯等。

(1)烙铁架用来放置电烙铁，一般底座为铸铁的、直接为全包围式的较好。

(2)吸锡器是锡焊元器件无损拆焊时使用的必备工具，同时需要电烙铁配合使用。吸锡器有很多种形式，但工作原理和结构都大同小异。现在市面上流行的手动专用吸锡器是利用一个较强力的压缩弹簧，弹簧在突然释放时带动一个吸气筒的活塞抽气，在吸嘴处产生强大的吸力将处于液态的锡吸走。对于一些微小紧密的焊点也可以用吸锡绳剔除焊锡。

也有将电烙铁和吸锡器合二为一，使其成为所谓吸锡电烙铁。这种产品具有焊接和吸锡的双重功能，拆卸焊点无须另外的电烙铁加热，可以垂直套在焊点引脚上吸锡，吸得比较干净，但结构比手动专用吸锡器复杂。有种较专业的吸锡电烙铁，它带有一个电动机，由手柄上的一个按钮开关控制，由于有电动机做动力，吸筒粗大，可以产生很大的吸力，吸锡效果比较理想，即使是拆卸多层电路板上的焊点也能胜任。这种装置的电动机、吸气筒和控制烙铁温度的调压变压器都另外安装在一个兼做烙铁架用的座子里，吸锡操作时活塞动作的反冲力不会影响到烙铁吸嘴，很好用。但不是专业拆卸一般不会采用。

总之，平时准备一个手动专用吸锡器就可以了。购置时，应该选那种筒身粗大，吸气有力而又可以单手操作的产品。

(3)镊子和尖嘴钳用于夹持细小的零件以及不便直接用手捏拿着进行操作的零件。镊子可选修钟表用的那种不锈钢镊子。尖嘴钳应选较细长的那种。

(4)斜口钳用来在焊接后修剪元器件过长的引脚，它也是安装焊接中使用得颇为频繁的一种工具，一定要选购钳嘴密合、刃口锋利、坚韧耐用的一种。使用时要注意保护,不要随便用来剪切其他较硬的东西,比如铁丝等。在没有斜口钳去剪元器件引脚时,用指甲钳去剪元器件引脚也很有效。

(5)剥线钳的使用既可提高效率,又可保证剥线质量。购置时宜选用可以自动适应线径的那种,使用时要注意调节好剥切分离的压力。

(6)放大镜在检查焊接缺陷时非常有用。一个3～5倍的放大镜往往可以使你有新的发现,使你技高一筹。购置时最好也选钟表修理用的那种,其像差较小,体积较小,便于携带。

(7)台灯用于照明。

(8)小刀和砂纸用于零件上锡前的表面处理,小刀可用废手工钢锯条按需要的形状打磨而成。

3.4 手工焊接过程与操作要领

手工焊接技术并不太复杂,但是如果因为操作简单而马虎从事,就会引起各种不良的后果,所以在焊接的过程中一定要引起重视。下面,简单介绍手工焊接过程及操作要领。

3.4.1 手工焊接的准备

焊接开始前必须清理工作台面,准备好焊料、焊剂和镊子等必备的工具。更重要的是要准备好电烙铁。"准备好电烙铁"不仅是选好一只功率合适的电烙铁,更重要的是要调整好电烙铁的工作温度,使烙铁头的工作面完全保持在吃锡的状态,这是决定能否焊好的第一步。对于第一次使用的新烙铁来说,这一步尤其重要。

新烙铁在首次通电以前要把烙铁头调出来2 cm左右,经充分预热试焊,若嫌温度不够,可以解开紧固螺钉向里面送回一点;再试焊,温度还不够就再送回一点点,这样逐步往上调,不要过急,多试几次。一开始宁可让温度偏低,切不可让温度过高,否则烙铁头就会被烧死。所谓"烧死",是指烙铁头前段工作面上的镀锡层在过高的温度下被氧化掉,表面形成一层黑色的氧化铜壳层。此时,烙铁头既不传热也不再吃锡,用这样的烙铁是无法工作的。烙铁头一旦烧死就必须锉掉表层重新上锡,这对于长寿烙铁来说就是致命的损失了。无论什么时候,都要充分留意这道工序,当换了一支烙铁,或换了一个工作环境,电网电压变化以后,必须注意调节电烙铁的工作温度,使其大约维持在300 ℃左右。实际操作的准则是,在不至于烧死烙铁头的前提下尽量提高一些,一定要让烙铁头尖端的工作部位永远保持银白色的吃锡状态。

3.4.2 手工焊接的过程

1.元器件引出脚的上锡

分别将元器件引脚及焊片、焊盘引脚线等被焊物预先用烙铁搪上一层焊锡,这样就可以基本保证不出现虚焊。在焊接操作中,一定要养成将元器件和引线预先上锡的良好习惯。元器件引出脚的上锡过程如图3-10所示。

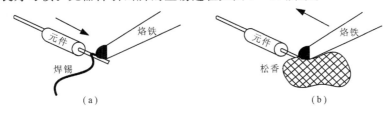

图3-10 元器件引出脚的上锡
(a)无助焊剂;(b)带助焊剂

对于那些表面氧化,有杂质、灰尘、油污等影响焊接质量和性能的物质的元器件引脚和有绝缘漆的线头,上锡前还必须进行表面清洁处理,手工焊接时一般采取用小刀或者砂纸进行刮削和摩擦的办法处理。刮削时必须注意做到全面、均匀。尤其是处理那些小直径线头时,不能在刮削的起始部位留下伤痕。较粗的引出脚可以压在粗糙的工作台板的边缘上,边转边刮,细线头则应该用砂纸处理。

2.手工焊接的基本方法

焊接的操作过程看起来很简单,但是要真正焊好每一个焊点,保证在任何情况下都不出现虚焊则不是那么简单的事情,这需要细心,需要手脑并用,尤其需要通过反复练习,培养手感。

手工焊接有两种基本手法:一种是用实芯焊接条时的手法,一种是使用松香焊锡丝做焊料时的手法。前者是一种传统的手法,初学者首先掌握这种方法学会怎样用烙铁来运载、调节焊料,体会到怎样使焊剂在焊接过程中发挥作用,才能真正做好焊接。

准备好的电烙铁应该先在焊条上熔锡,以便让烙铁头能带上适量的焊锡。熔锡时,只要在锡条的端部或边缘去熔解分割出几粒大小不等的锡珠,然后选择一粒大小适当的,让烙铁头吃锡即可。要不时地让烙铁头到松香里去蘸一下,让焊锡、烙铁的工作面总是被一层松香的油膜包裹着。否则,烙铁吃锡时锡珠不成珠,液滴不成为滴,就无法控制吃锡量。吃好锡后赶紧让带着新鲜松香油膜的焊锡去接触元器件引出脚和焊盘,在焊剂的引导下焊锡会以很大的接触面传导烙铁的热量,使被焊金属很快升温。只要被焊金属表面清洁,可焊性好,局部的高温就会发生扩散,滴液会在被焊物表面浸流开来,迅速填满引脚与焊盘之间的间隙,此时不失时机地将烙铁移到引出脚的对面引导一下,就可以得到一个完整的焊点。这一过程需要的时间由焊点的大小、烙铁的温度和金属的可焊性决定,应该在有扩散浸流的那一刻可以观察到:焊料与被焊金属相接处的接触角会突然从大于 90°的缝隙状态变为小于 90°的浸润状态,并开始向前爬行。接触角指焊锡的外表面和焊锡与被焊金属的接触面之间的夹角 α,如图 3 − 11 所示。

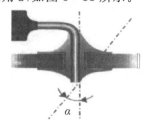

图 3 − 11　焊接时的接触角

　　焊点一旦形成就将烙铁撤离,保持各被焊物之间的位置不要变动,让焊点自然冷却即可。烙铁撤离时的方向及电路板搁置的角度可以决定焊点存留焊锡的多少。当电路板倾斜搁置时,用烙铁来调节焊点的存锡量会有最大的灵活性,因此流水线上的焊工都喜欢把电路板斜搁着焊接。

　　需要反复强调的是,整个焊接过程自始至终都必须在焊剂的辅助下进行,让焊锡、烙铁头和被焊点的金属总是被一层新鲜的松香液膜包裹着。不要让焊剂蒸发完,始终带着新鲜的松香液膜操作,让焊锡在凝固以前总是处于晶莹发亮的状态,就是该种手法焊接的技术要领。这种焊法一般会在焊点周围留下较多的松香痂,由于松香有很好的绝缘性,对电路没有什么影响,可以不予理会。如果要求美观或用于高压电路,也可以用酒精等清洗剂清洗。

　　采用松香焊锡丝的焊锡手法要简单一些。由于焊锡丝里包裹着活性松香焊剂,焊接时用不着频繁地去蘸松香,可以节省时间,减少松香的用量,提高工作效率,焊出来的焊点也较清洁美观。因此,现在普遍都是使用焊锡丝来进行焊接。但是,焊接过程的基本要求还是一样,同样还是要求在整个过程中,不能缺少焊剂的参与和保护。

　　用松香焊锡丝焊接的操作手法如下:将电路板面向操作者倾斜搁置,烙铁头工作面靠到被焊零件引脚和焊盘上,同时将焊锡丝送向三者交汇处的烙铁头上,使焊锡丝熔化,熔化的焊锡会马上流向并填充被焊物之间的空隙,使热量迅速传导,被焊物很快地升温。而焊锡丝内熔化的松香焊剂会流浸到焊接区各金属物的表面,起到焊剂的种种作用。随后,当温度升高到一定的程度时,扩散发生,焊锡浸润被焊物表面,开始形成焊点。然后,移动烙铁,焊点完成,撤离烙铁,冷却凝固等,此后的一切都与不用焊丝的焊接过程一样,只不过省去了蘸松香的动作而已。注意,焊锡丝中的焊剂量有限,如果被焊物的可焊性不是很好,往往在焊点还没有完全形成以前焊剂早已被蒸发干净,使焊锡表面氧化变色而无法继续焊下去。为了得到新鲜的焊剂,不得不再送入一段焊丝,让焊丝中的焊剂流出来补充,而这样一来又使得焊锡液滴的总量过多而要用烙铁从焊点的下面将多余的焊锡带走抖掉。有时遇到较难焊的焊点,就必须再三送入焊锡丝,接着又抖掉多余的焊锡,直到形成真正的焊点。

为了提高焊锡丝的利用率,尽量缩短焊接时间,可以将开始送入的焊丝分成两部分进行。首先直接向烙铁头送一部分,用以填充间隙,加大烙铁传热的接触面,启动整个焊接过程。当被焊件热起来以后,就不失时机地转到烙铁对面的一侧,直接向元器件引脚和焊盘送入另一部分焊锡丝。这样,焊锡丝就起到了引导焊点形成的作用。既可以免去烙铁两边来回移动的动作,又可以让对侧的金属及早地涂上助焊剂,避免升温的氧化作用。这是较熟练时的操作手法。

操作要领仍旧是"始终带着焊剂液膜操作,让焊锡在凝固以前总是处于晶莹发亮的状态"。因为如果焊锡液滴变色,就说明焊锡表面一层已经氧化,已经不是金属,在焊接温度下不会熔解,隔着这层固体杂质,金属间的浸润、扩散将无法进行。

两种焊接手法的基本要求是一致的,就是要在尽量短的时间里得到一个有着完美合金层的真焊点。实际操作时,在第二种手法中往往掺有第一种手法。

3.手工焊接手法的步骤

焊接时用烙铁头对元件引线和焊盘预热,烙铁头与焊盘的平面最好成 45°夹角,等待焊金属上升至焊接温度时,再加焊锡丝。如果被焊金属未经预热,而将焊锡直接加在烙铁头上,焊锡会直接滴在焊接部位,这种焊接方法常常会导致虚焊。

初学者采用松香焊锡丝的焊接手法一般可分为以下几个步骤,如图 3-12 所示。

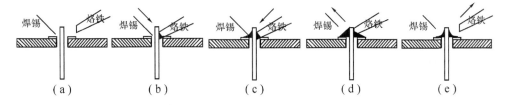

图 3-12　手工焊接的一般步骤
(a)准备;(b)预热;(c)加焊锡;(d)撤焊锡,焊后加热;(e)冷却

(1)预热。认清焊点,烙铁头与元件引脚、焊盘接触,同时预热焊盘与元件引

脚,而不是仅仅预热元件。

(2)加焊锡。焊锡加在焊盘上(而不是仅仅加在元件引脚上),待焊盘温度上升到使焊锡丝熔化的温度,焊锡就自动熔化。不能将焊锡直接加在烙铁头上使其熔化,这样会造成冷焊。

(3)拿开焊锡。熔化适量的焊锡,然后迅速拿开焊锡丝。

(4)焊后加热。拿开焊锡丝后,不要立即拿走烙铁,停留2~3s继续加热,使焊锡完成润湿和扩散两个过程,直到使焊点最明亮时再原路撤走烙铁。

(5)冷却。在冷却过程中不要移动焊点。

3.5　接线的手工焊接

在整机装配中,对各部件进行电气连接是产品生产中的一个重要环节,常需要用手工的方法进行连接线焊接。

3.5.1　导线的种类

在工业产品中,导线的种类和规格很多,下面介绍几种常见的导线。

1.裸线和绝缘线

裸线的外壳没有绝缘物。因为它容易和别的零件、接线等碰触短路,所以除了作为地母线外,其他地方很少用到。在高频电路中,有时会使用镀银的粗裸线作为导线。

绝缘线是外面覆有绝缘物的导线。现在常用的绝缘线是在外面包有聚氯乙烯,俗称塑胶线。这种线绝缘性能很好,又能防潮,所以应用很广泛。

2.单根线和绞合线

单根线是一根导线,在常见的电子实验中,有绝缘物的单根芯线直径一般为0.35~0.8 mm。

绞合线则是由许多股线绞合而成的,由数根单线绞合成几个小股,再由几个小股绞合成绞合线。使用绞合线的目的是增加导线的表面积,以减少高频电流因集肤效应引起的损失,因此还常应用镀银线来绞合。绞合线一般在7根单线以上,也有多到40余根单线的。有绝缘物的绞合线通常称为"塑胶线"。塑胶线一般是由两根绞合线组成的,它最适用于常常移动的地方。

绝缘线有很多种颜色,事先可以多准备几种,以便焊接时区别各种电路,为装配和检查提供方便。

3.金属隔离线

在装配线中有些导线需要隔离,这就要使用金属隔离线(简称隔离线)。金属隔离线是在一根绝缘线的外面用镀有镍或锡的细铜丝组成一个套管套住,使用的时候将外面的金属套接地,就可防止外磁场对芯线的干扰。

隔离的芯线以前采用多层纱皮或橡皮包裹的多股绝缘线,现在已为多股塑胶线代替。这样可以具有更好的绝缘性能。

4.高频电缆

在超高频的领域中,常会用到"高频电缆"。高频电缆的芯线是由单根或多股铜线制成的。其绝缘层外包有一层金属线套,最外层是一层聚乙烯的保护套。金属线套若是作为导线来用,则它和芯线是同轴的。高频电缆构造上的特点是芯线和金属套采用的都是不涂锡的铜线。

3.5.2　导线选择

在装配中,焊接线应选择可焊性好的多股或单股绝缘铜芯电线,接线的选择应考虑其允许的最大电流强度和机械强度,导线允许的最大电流强度可按 5 A/mm² 计算。导线的选择还要注意:要经常移动的线一般常采用多股绝缘线,如电源线等,机内的装配以用单根塑胶线为宜。这些都应在接线图设计时予以考虑,接线图必须指出线型和配线的长度,装配时即可按接线图施工。

3.5.3　导线线头处理

1.导线拉直

单根导线买回来的时候是卷扎成捆的,使用时要把它拉直才显得美观,比较简单的方法是将线头两端的绝缘物刮去一小段之后,一头夹在老虎钳上固定,另一头用钳子钳住拉直,再用一圆木棍在导线上轻轻来回磨压几下就可压直。切忌过分用力,否则绝缘物会被拉长。裸线也可用该方法处理。

2.剥去绝缘外皮

焊接时用的焊接线必须预先处理。对绝缘导线的预处理是焊接前剥去两端绝缘外皮 8~10 mm,再予以预上锡处理。

剥去外皮可直接使用剥线钳,也可先用小刀在待剥处沿绝缘层外圆切一环状沟,注意刀口不能和芯线垂直切割,否则会伤及芯线,将来在焊接的时候或焊接后受到外力就很容易扯断,引起电路故障,因此刀口要斜着切出。同样,切割多股绝缘线时也应小心,因为里面的导线很细,一不小心会将它切断一、两根。切完后,再将绝缘层拉去。若是多股线,可在拉去绝缘层的同时朝一个方向旋转绝缘层,以使多股线拧在一起。

工厂里大规模生产时是采用机械切割方法处理线头,或者是利用热处理将绝缘胶烙去。

剥去隔离线的线头时,要先将金属屏蔽层剪 15～20 mm,露出绝缘线,再按照上面的方法处理其线头,剪过的金属屏蔽层很容易松散,要用一根直径为 0.2～0.3 mm 的裸铜线,预先上好锡,将屏蔽层的头部扎住,再在上面焊一层锡,;连同屏蔽一块焊牢。焊接时烙铁要热,并要在很短的时间内焊好,否则将损坏芯线绝缘物。

3.导线上锡

剥去绝缘外皮的导线还要进行预上锡处理。已镀银或锡的芯线线头上锡时,不需要焊剂,其他要按一般方法上锡。多股线的线头上锡前,要将线头捻紧,不要散开,以免妨碍上锡及焊接。线芯氧化或有漆的多股软导线上锡最为麻烦,要先除去每股线芯的绝缘或氧化层,分别上好锡、捻紧后再上一次才成。虽然麻烦,但必须这么一步一步地切实做好,因为这是焊接的基本方法。

3.5.4 导线的布线原则

任何产品的设计实际上是利用各种接线把许多零件按电路的要求连接起来。所以除了零件良好以外,布线的优劣也是一个重要的关键问题。一般而言,布线要遵循以下 3 个原则。

(1)各零件正常工作时不产生寄生交连,以免产生各种干扰,破坏正常工作。

(2)零件不互相交叠,以便于修理。

(3)在避免寄生交连的原则下考虑到清洁、整齐、美观。

3.5.5 接线焊接

在选择好导线,并对线头进行处理后,就可以根据布线和排列的要求进行接线的焊接工作。根据连接对象的不同,接线焊接有 3 种类型:接线和印刷电路板焊盘的焊接、接线和元器件引脚的焊接以及接线与接线之间的焊接。

无论哪种类型的接线焊接,都需要在焊接前先行对连接部分进行处理,先行上锡就是保证焊接质量的一种基本处理方法。

除了上锡外,还可以先行对连接部分进行绕接或钩接,这样可以增加连接强度和可靠性,因此又可以把接线焊接分成绕焊、钩焊和搭焊 3 种。

1.绕焊

绕焊的方法是将接线的连接部分线进行绕接绞合,然后再进行焊接。绕焊可以使接点经受较强的拉力。绕焊焊接时,应注意焊锡要很好地流动,填满接缝处的空隙。绕焊的接线不容易拆卸。

2.钩焊

钩焊的方法是先将接线的连接部分弯成钩形,钩在接线点的孔内,使引线不易脱落,然后再进行焊接。钩焊的强度不如绕焊,但比绕焊容易拆卸。

3.搭焊

搭焊的方法是把两个先上好锡的连接部分搭接到一起,再进行焊接。搭焊不需要事先进行绕头处理,连接简便,拆卸容易,但强度和可靠性差,在临时搭接试验电路时用得较多。

3.6　质量检验及注意事项

检验焊接质量有多种方法,比较先进的方法是用仪器进行。而在通常条件下,则采用以下方法来检验。

3.6.1　外观观察检验法

判断一个焊点的焊接质量最主要的是要看它是否为虚焊,其次才是外观。经验丰富的人可以凭焊点的外表来判断焊接质量。

1.正确的焊接

一个良好的焊点表面应该光洁、明亮,不得有拉尖、起皱、鼓气泡、加渣、出现麻点等现象,它必须具备以下的特征。

(1)良好的导电性能。良好的导电性能才能保证电路的互连,一个好的焊点,一般要求焊点的电阻在 $1\sim10$ mΩ 之间。如果焊点有空洞或虚焊,焊点电阻就会增大,工作时,会使焊点的电压降增大,焊点发热严重,影响电路的正常工作,虚焊的焊点甚至影响电路的连通。

(2)良好的机械性能。要求焊点有一定的强度,使元器件牢牢固定在 PCB 板上。

(3)有良好的外观。保证焊点良好的电气性能和机械性能的条件是焊锡与元件引脚、PCB焊盘形成良好的浸润。浸润良好的焊点在外观上具备如下特点:焊接面在外观必须是明亮的、光滑的、内凹的。元件的引脚和 PCB 板上的焊盘要形成良好的浸润，浸润角度＜60°(注：润湿角是指焊料和母材的界面与焊料表面的切线间的夹角)。

(4)焊锡量适当。焊点上焊锡过少，机械强度低；焊锡过多，会容易造成绝缘距离减小或焊点相碰。

(5)不应有毛刺和空隙。这对高频、高压电子设备极为重要。高频电子设备中高压电路的焊接点如果有毛刺，则易造成尖端放电。

(6)焊点表面要清洁。焊点表面的污垢一般是焊剂的残留物质，如不及时清除，会造成日后焊点腐蚀。

2. 不正确的焊接

(1)假焊。假焊是指表面上好像焊住了，但实际上并没有焊上。有时用手一拔，引线就可以从焊点中脱出。

(2)虚焊。虚焊是焊点处只有少量的锡焊住，造成接触不良，时通时断。虚焊与假焊都是指焊件表面没有充分镀上锡层，焊件之间没有被锡固定住，是由于焊件表面没有清除干净或焊剂用得太少所引起的。焊锡加在烙铁头上，元件引脚、焊盘没有预热，造成虚焊。

(3)空焊。空焊是焊点应焊而未焊。锡膏太少、零件本身问题、置件位置、印锡后放置时间过长等会造成空焊。

(4)冷焊。冷焊是在零件的吃锡接口没有形成良好的吃锡带。流焊温度太低、流焊时间太短、吃锡性问题等会造成冷焊。焊锡加在元件引脚上，而不是焊盘上。焊盘预热不好，易造成冷焊。

用观察法检查焊点质量时最好使用一只 3～5 倍的放大镜，在放大镜下可以很清楚地观察到焊点表面焊锡与被焊物相接处的细节，而这正是判断焊点质量的关键所在。焊料在冷却前是否曾经浸润金属表面，在放大镜下都会一目了然。

其他像连焊、缺焊等都是相当明显的缺陷，不再赘述。

3.6.2 带松香重焊检验法

通过观察、万用表等仪器测试后，对确定虚焊点和不太确定的疑似虚焊点重新焊接，重新焊接是排除一个焊点虚实真假最可靠的方法。具体操作如下：

用满带松香焊剂、缺少焊锡的烙铁重新熔融焊点，从旁边或下方撤走烙铁，若有虚焊，其焊锡一定都会被强大的表面张力收走，使虚焊处暴露无遗。

带松香重焊是最可靠的检验方法，多次运用此法还可以积累经验，提高用观察法检查焊点的准确性。

3.6.3 焊点通电检验法

通电检查必须是在外观检查及连线无误后才可以进行的一种方法,也是检验电子电路性能的关键步骤。如果不经过严格的外观检查,通电检查不仅困难较多,而且有可能对我们的测试设备仪器有所损坏,更甚者会造成安全事故的危险。

通电检查可以发现许多微小的缺陷,但对于有些焊接问题如内部虚焊是很不容易察觉的,因此,提高焊接技能是解决诸多问题最根本的方法。

3.6.4 注意事项

除了之前提到的虚焊、冷焊、假焊和空焊以外,还有一些焊接缺陷也要注意避免。

(1)引线绝缘层剥得过长,使导线有与其他焊点相碰的危险。

(2)多股线头没有完全焊妥,有个别线芯逃逸在外。

(3)焊接时温度太高、时间太长,使基板材料炭化、鼓泡,焊盘已经与基板剥离,元器件失去固定,与焊盘连接的电路将被扯断。

3.7 手 工 拆 焊

在电子产品的调试检修过程中,或多或少都会碰到因为装错、损坏等原因需要拆焊去换掉元器件。实际操作中,拆焊比焊接难度还大,如果拆焊水平欠佳或者方法不当,就会造成元器件的损坏,甚至造成印制电路板上焊盘的损坏,特别是在更替集成电路时更容易出现类似情况,因此,手工拆焊也是电子产品装调中的一项重要技能。

3.7.1 手工拆焊的工具

常用的手工拆焊工具有普通电烙铁、镊子、捅针、吸锡器、吸锡绳或者吸锡电烙铁。

普通电烙铁用于加热焊点,熔融焊料,需要和吸锡器、吸锡绳配合使用,才能实现手工拆焊的目的。

吸锡器用于吸取焊点上熔化的焊锡,使用时将气筒按下,对准熔化的焊锡按下按钮使气筒弹回,即可吸掉熔融的焊锡,使用完后要及时按下气筒清理锡渣,以免堵塞吸锡器。

吸锡绳是用屏蔽线和细铜丝等编制而成的,使用时先浸上助焊剂松香后,将吸锡绳贴在待拆焊点上,然后用电烙铁加热吸锡绳,热传递到焊点后焊锡熔化,吸锡绳会将熔融的焊锡吸附到自己身上,拿掉吸锡绳后,焊点即被拆开。吸锡绳多用于引脚密集、微小的元器件的拆焊中。

吸锡电烙铁是将电烙铁和吸锡器合二为一,因其本身具有电烙铁的功能,所以具有可以独立完成熔化焊锡、吸取多余焊锡的作用,操作起来比较方便。

镊子用于夹持元器件,以尖头、高硬度的不锈钢为佳。

捅针用于刺穿焊接孔上稀薄的焊锡或者杂质,以便恢复焊孔。

3.7.2 手工拆焊的基本原则

手工拆焊的步骤一般和手工焊接的步骤是相反的,拆焊前一定要弄清待拆焊点的情况特点,不要盲目动手。通常手动拆焊应遵循以下原则:

(1)不损坏待拆的元器件、导线、原焊点部位的结构件。

(2)不损坏印制电路板上的焊盘和印制导线。

(3)对已经判断为损坏的元器件,可先行将其引线剪断,然后再拆除,这样可以减少其他损伤。

(4)拆焊过程中,应尽量避免拆动非拆焊点的元器件,也应避免变动元器件的位置,如果实在不可避免,后续应做好复原,保证电路正常工作。

3.7.3 手工拆焊的注意事项

手工拆焊的注意事项有以下几点。

(1)严格控制加热的时间和温度,以免将元器件烫坏或者使焊盘翘起、断裂,最好在拆焊过程中采用间隔加热法。

(2)高温状态下元器件封装的强度都有所下降,拆焊时不要用力过猛,过分地用力拉扯、摇晃、旋扭元器件,都会对元器件造成一定的损坏。如果此时焊锡没有完全熔融,这些动作也会连带焊盘从印制板上被扯掉。

(3)如果手上没有吸锡工具,仅借助电烙铁有时也是可以完成拆焊任务的。此时,应将印制电路板或者能移除的部件倒过来向下,用电烙铁加热拆焊点,利用重力原理让焊锡自动流向烙铁头,同时利用镊子轻轻夹取元器件,以达到拆焊的目的。

3.8 其他焊接

随着现代工业的需要,在电子产品的批量生产中,电路板上绝大部分元器件的大量焊接工作必须由一次性整体焊接来完成。新的焊接技术如浸焊、波峰焊、表面贴装技术等应运而生,在自动化生产线上取代了传统的电烙铁钎焊技术。

3.8.1 浸焊

浸焊是指将插装好元器件的印制电路板浸入有熔融状焊料的锡锅内,一次完成印制电路板上所有焊点的自动焊接过程,浸焊示意图如图 3-15 所示。

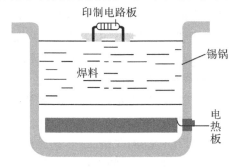

图 3-13 浸焊示意图

它比手工焊接生产效率高,操作简单,适于批量生产。在中、小企业的穿孔插装工艺中,作为主要的焊接手段被普遍采用,浸焊包括手工浸焊和机器自动焊接两种形式。

浸焊的一般工艺流程是插装元器件→喷涂焊剂→浸焊→冷却剪脚→检查修补。

浸焊的主要设备有浸焊锡炉和发泡松香香炉。

锡炉装有自动温控装置,大部分装有 24 h 到 7 d 为循环周期的定时继电器,可以按照设定的程序自动开炉和停炉,功率为 120～2 500 W,工作温度为 100～300 ℃,最高温度可达到 400 ℃ 以上。选用时,其功率和容积应根据生产规模和被加工电路板尺寸来确定。

发泡松香炉用来将焊剂发泡使之成为泡沫的涌流,让焊剂能够均匀地涂布于电路板的焊接面,且在浸焊前维持这一状态而不发生流滴,浸焊炉上方应装有良好的抽风设备,以便将焊接时产生的烟雾完全抽走。浸焊的炉温要精心调节,要根据不同的焊料、不同的工作来设定。浸焊操作时使用长约 250mm,形状和弹力相宜的不锈钢大夹子夹住电路板的两个长边进行。入炉浸焊前应该先检查一下所插的零件是否有歪斜、跳出等现象,如有,则稍加整理;再用硬纸板将锡液表面一层氧化锡膜刮开,随后将蘸好焊剂的电路板浸入。浸焊时采取边浸边向前推移的手法,同时尽量使电路板上容易发生连焊的方向与运动方向垂直。入浸时前端稍微下倾,出焊时稍微上翘,使之称为略带弧形的动作效果。因为电路板在受热的瞬间会向上弯曲,采取这样的动作就可以使得每一部分焊点的受焊时间相同,同时有利于减少虚焊和连焊。电路板压入锡液液面的深度以焊锡不会跑到元器件面上来为准。电路板在锡液中的浸焊停留时间大致为 2 s,具体时间则要根据不同的工件、炉温及焊料焊剂的性能而改变。浸焊时间要精确地掌握好,以出现最少的焊接缺陷而又不热伤元器件为准。浸焊炉中的焊料成分会因不断地使用而发生变化;锡的成分会减少,铅的比例会提高(即所谓"偏锡现象"),铜、锌等有害杂质的浓度也会上升,一定要注意及时调整,不能仅做量的补充。焊好的工件要用纸板隔开分层摆放,以免焊接时溅附于底板上的锡珠屑在相互碰撞时掉落到零件中,形成不易清理的多余物。另外,发泡用的陶瓷微孔发泡管投入使用以后要注意停工时的养护,要让其浸没在焊剂液体里并维持一个正气压,使之保持轻微的发泡状态。下次开工时应从焊剂中拿出,洗净,浸泡在稀释剂口。

操作时必须带好口罩之类的防护用具,平时要注意焊剂、稀释剂等易燃物的安全防火工作,要及时清理掉锡炉边的焊剂痂。

整体焊接工序是整条安装生产线的关键工序,其质量的好坏非常明显地影响着整个生产的速度和质量,必须给予充分的重视。

3.8.2 波峰焊

波峰焊是将熔融的液态焊料,借助于机械泵或者电磁泵的作用,源源不断地由喷嘴喷出,在焊料槽液面形成特定形状的焊料波(即波峰),插装了元器件的 PCB 放置于传送链上,经过某一特定的角度以及一定的浸入深度穿过焊料波峰而实现焊点焊接的过程。波峰焊示意图如图 3-14 所示。

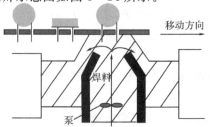

图 3-14 波峰焊示意图

波峰焊的一般流程:焊前准备→元器件的插装→预涂助焊剂→预热(温度90~100 ℃)→波峰焊接(温度 220~240 ℃)→冷却→清洗→切除多余插件脚→检查。

波峰焊根据锡波形态主要分为单波峰和双波峰两种。单波峰:指锡液喷起时只形成一个波峰,一般在过一次锡或只有插装件的 PCB 时所用;双波峰:如果 PCB 上既有插装件又有贴片元器件,这时多用双波峰,因为两个波峰对焊点的作用较大,第一个波峰较高,它的作用是焊接;第二个波峰相对较平,它主要是对焊点进行整形。

波峰焊是提高生产效率和批量生产的重要手段,但是方法稍有不当,出现的问题也很多,因此,操作时应对设备的构造、性能、特点以及相关知识进行全面细致的了解,并熟练掌握操作方法。在操作上应该注意以下几点:

(1)焊接前的检查。焊接前应对设备的运行情况、带焊接的印制电路板的质量以及元器件的插接情况进行全面检查。

(2)焊接中的检查。在焊接过程中应时刻注意设备的运转情况,及时清理锡槽表面的氧化物,及时添加防氧化剂和补充焊料。

(3)焊接后的检查。焊接后要逐段检查焊接质量,对少量漏焊、桥连的焊接点,要及时进行手工补焊处理。

3.8.3 再流焊

再流焊技术是将焊料加工成一定颗粒并拌以适当的液态黏合剂,使之成为具有一定流动性的糊状焊膏,用它将贴片元器件粘在印制电路板上,然后通过加热使焊膏中的焊料熔化而再次流动,达到将元器件焊接到印制电路板上的过程。

再流焊有被焊接的元器件受到的热冲击小,不会因过热造成元器件的损坏,无桥接缺陷,焊点的质量较高等优点。

再流焊的一般工艺流程:焊前准备→点膏并贴装 SMT 元器件→加热、再流→冷却→测试→修复、整形→清洗、烘干。

再流焊技术主要用于贴片元器件的焊接上。

3.8.4 特殊元器件的焊接

这里所谓的特殊元器件是指那些在焊接时必须用特别的办法对待才能焊好的元器件,它们一般都是比较脆弱的、不耐温的器件,或者是尺寸极小、不便操作的元器件。这里仅以微型拨动开关的焊接为例简单介绍。

现代电子产品中的微型拨动开关,尤其是一些袖珍机型里用的那一种,其触点引脚非常短,里面可动触头的塑料件在焊接时极易受热变形。焊接这种开关时,必须采取以下特殊措施才能焊好。

(1)使用功率不大但温度偏高的电烙铁,将焊接时间控制在 1s 以内。

(2)采用具有较大活性焊剂芯的细焊锡丝。

(3)焊完后马上帮助散热,可以用冷的镊子柄接触焊点或来回拨动几次活动触点,使得刚焊过的引脚上的热量可以通过活动触头的金属件一份份被带走,最后将活动触点停在离开被焊触点位置,避免被焊金属件下的塑料变形,使开关接触不良。

(4)每焊好一个引脚后,必须转焊几个其他元器件的焊点,利用这段时间让刚焊过的引脚及塑料件彻底冷却后再回来焊这只开关的第二个引脚。

3.9　表面贴装技术的手工焊接

表面安装技术 SMT(Surface Mounting Technology)是把无引线或短引线的表面安装元件(SMC)和表面安装器件(SMD),直接贴装在印制电路板的表面上的装配焊接技术,是一种包括电子元器件、装配设备、焊接方法和装配辅助材料等内容的系统性综合技术。

贴片元器件一般情况下是用机器来安装焊接的,但在有些特殊情况下,比如试制、修理、批量生产中坏机的返工修补等,就只能用手工来焊接。

手工焊接贴片元器件最好在一种带有照明灯的放大镜下进行。

1. 分立元件

电烙铁的功率不要大于 20 W,先用电烙铁加热焊点,然后一手拿镊子将元器件固定在相应焊盘的位置上,另一手拿电烙铁,将烙铁头带上焊锡,去接触待焊点的引脚和焊盘,冷却等元器件固定后再去焊接另外一边,完成焊接后将电烙铁移开。

也可以直接用 Ø0.5 mm 的焊锡丝焊接,一手拿焊锡,一手拿电烙铁,轻轻对准焊点进行焊接,必要时可以在烙铁头上加缠铜丝改制成更细小的烙铁头。

2. 集成电路

贴装元器件比较难的是手工焊接那些引脚又多又密的表面贴装集成电路。焊接这种器件时不能一个脚一个脚地来焊,而要采用一种所谓"滚焊"(或称"拖焊")的手法来解决,具体操作方法如下所述。

手工焊接贴装集成电路的第一关就是将待焊器件摆准位置,使引脚与焊盘基本对准,然后将对角线上的两个引脚临时用少许焊锡点焊一下,再仔细观察,检查每一个引脚是否对准了各自的焊盘。尤其是那种四边出脚的大规模集成电路,要注意同时检查 X 和 Y 两个方向的引脚。如果位置不准,可逐一解开两个临时焊点进行微调。调准以后再多焊一个临时焊点,然后用滚焊的手法将所有的引脚焊牢。

所谓"滚焊"就是将电路板按一定的角度倾斜搁置,让大量的焊料在充分多的焊剂的保护下,从上到下地从要焊的引出脚上慢慢拖滚下来,只要控制好印制电路板摆放的角度以及掌握好电烙铁在每一个引脚处停留引导的时间,焊锡所经之处就会自动地留下一个个完美的焊点。如果发生连焊,则可能是因为搁置的角度太小或焊剂不够、焊料太多。发生缺焊则可能是倾角太大,拖滚得太快,可以重来一遍。若只有个别的焊点有问题,可用烙铁对该处单独处理一下。滚焊时所使用的电烙铁功率不能太小。

3. 注意事项

(1)电烙铁的温度一般以 350 ℃ 为宜。

(2)助焊剂选用高浓度的,以便焊料完全浸润。

(3)焊后应该在放大镜下仔细检查焊接质量。

(4)焊接时要防止静电损坏元器件,需要带防静电腕带。

第4章 电子产品组装的一般流程

整机装配工艺过程即为整机的装接工序安排,就是以设计文件(说明书)为依据,按照工艺文件的工艺规程和具体要求,把各种电子元器件、机电元件及结构件装连在印制电路板、机壳、面板等指定位置上,构成具有一定功能的完整的电子产品的过程。装配工艺的一般流程如图4-1所示。

图4-1 装配工艺的一般流程示意图

从图4-1可以看出,装配工艺的一般流程步骤如下:

(1)装配准备。装配准备是完成电子产品装配工艺的最初流程,主要包括技术文件准备、元器件、辅助材料准备、生产设备及工具准备和生产组织准备这四个方面。

(2)印刷电路板装配。印刷电路板装配主要包括装插元器件、焊接印刷电路板和焊点检查及补焊等主要步骤。

(3)整机装配。整机装配包括准备工序、整机装配和整机调试等步骤。

(4)整机检验。整机检验包括电性能检验、外观检验和产品的老化检验三个方面。

(5)产品包装。产品包装是装配工艺的最后一个环节,主要包括包装材料准备、整机包装和装箱、封箱等步骤。

4.1 装配准备

对照待装配的电子产品的参考材料配套清单,并注意按材料清单一一对应,清点所有元器件和配件,记清每个元件的名称与外形,同时,将装备电路图和印制电路板图准备好。

4.1.1 元器件的检验、老化和筛选

在实施任何工程之前都必须对其所用器材进行测试和检验。这一点对于电子

产品尤为重要。因为电子产品电路复杂、整机所拥有的元器件数量一般很大,产品的正常工作有赖于每一个元器件的可靠性。在电路中,即使只用了一个不合格的元器件,也往往会带来无法估计的麻烦和损失。因此,安装前要对所有的元器件进行一次检验。

元器件的检验是按照相关的技术文件对其各项性能指标进行检查,包括检查外观尺寸和测试电气性能两方面。

对于某些性能不稳定的元器件,或者可靠度要求特别高的关键元器件,还必须经过老化和筛选。

老化和筛选是相互配合着进行的。其目的就是要剔除那些含有某种缺陷、用通常的检测又看不出问题、但处在恶劣条件下的时间稍长就会失效的元器件。

老化和筛选的做法是:模拟该元器件将要遇到的最恶劣条件,成批地让其在最恶劣条件下经受一段时间,同时还可加上工作电流和工作电压等考验,促使其进一步定性,然后再来测量其参数,剔除其中参数变坏者,筛选出性能合格而又稳定的优质元器件。

老化的常规项目有:高温存储、高低温循环温度冲击、功率老化、冲击、振动、跌落、高低温测试、高电压冲击等。

老化、筛选采用哪些项目应该根据每种元器件的性质来确定,而各种项目采用的具体条件和参数则牵涉到产品的整机质量和成本。过严将提高成本,造成不必要的浪费;过松则会降低可靠性,产品质量达不到要求,应该根据产品具体的使用环境、质量标准和生产成本来制定具体项目。

4.1.2 清除元件表面的氧化层

元器件经过长期存放,其引脚或接线的外部发生氧化,会在元件表面形成氧化层,可焊性变差,不但使元件难以焊接,而且影响焊接质量。因此,当元件表面存在氧化层时,应首先清除元件表面的氧化层。

去除氧化层的方法有多种,但对于少量的元器件,用手工刮削或用细砂纸打磨的办法较为简单可靠,这样以便焊接时容易上锡。去氧化层时注意用力不能过猛,以免使元件引脚受伤或折断。但引脚已有镀层的,视情况可以不处理。

清除元件表面的氧化层的方法是:一只手捏住电阻或其他元件的本体,另一只手用小刀轻刮或者用砂纸轻擦元件引脚的表面,同时慢慢地转动引脚,直到表面氧化层全部去除。为了使一些特殊结构的元器件易于焊接,比如万用表中的电池夹,焊接时要用尖嘴钳前端的齿口部分将电池夹的焊接点锉毛,去除氧化层。

如果所提供的是批量生产的"保质期"内的元器件,并且一般都会放置于塑料袋中,隔绝了空气和灰尘,通常可以直接进行焊接使用。如果发现不易焊接,就必须先去除氧化层。

4.1.3 元器件引脚上锡

元器件在经过去氧化层以后,应尽快地上锡(搪锡)后再使用,从而增强其可焊性,提高焊接质量。元器件引脚上锡示意图如图4-2所示,其中图4-2(a)表示直接上锡,图4-2(b)表示带松香上锡。

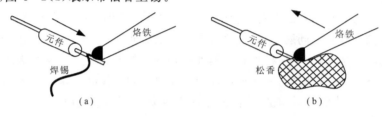

图4-2 元器件引脚上锡示意图
(a)直接上锡;(b)带松香上锡

4.1.4 焊接工具材料的准备

将所需的焊接工具和拆焊工具以及焊料和助焊剂,尽可能地准备齐全。具体细目详见本书焊接工艺所介绍的详细内容。

4.1.5 元器件参数性能的确认

在装配前,应须确定各个电阻、电位器的阻值,确认有极性元器件的正负极,确认晶体管、集成电路的引脚顺序。具体判断方法详见本书常用电子元器件所介绍的详细内容。

4.2 印刷电路板的装配

印刷电路板的焊接是电子产品制作中一项必不可少的技术,下面对印刷电路板的手工焊接方法和一般流程作一些简单介绍。

4.2.1 印刷电路板的检验

印刷电路板加工好以后,应检查板基的材质和厚度、铜箔电路腐蚀的质量、焊盘孔是否打偏、贯孔的金属化质量怎样等,有错误应立刻改正。对于手工腐蚀出来的少量试制用电路板,则还要进行打孔、砂光、涂松香酒精溶液等工作。只有检验合格的 PCB 板才能投入批量生产。

4.2.2 元器件的安装

1.元器件引脚的成形

采购来的元器件或材料,可能其形状等不完全符合安装的要求,为此,有些元器件在安装前必须进行预处理,也就是根据焊盘孔之间的距离预先加工成一定的形状,即"成形"。元器件引脚的成形如图 4-3 所示。

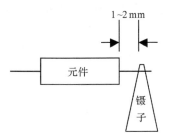

图 4-3　元器件引脚的成形

2.元器件的安装

元器件的安装方式主要分为卧式、立式和特定元器件的安装三种,其安装方式如图 4-4 所示,三种安装方式的对比见表 4-1。

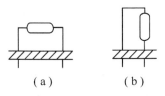

图 4-4　元器件在 PCB 板上的安装方式

(a)卧式安装;(b)立式安装

表 4-1 三种安装方式对比

名称	特点	元器件
卧式安装	元器件引脚在两端	电阻、二极管等
立式安装	元器件引脚在一端	三极管、电容等
特定元器件安装	有对应的安装插入孔	电位器、联调电容、继电器等

卧式安装美观、牢固、散热条件好、检查辨认方便;立式安装节省空间、结构紧凑,往往在电路板安装面积受限时采用。

无论是卧式安装还是立式安装,成形时要注意元器件离开电路板的高度尺寸。

未成形的元器件由于引脚间距与电路板上的焊盘孔距不匹配,影响插入,也容易造成歪斜和其他故障,而成形过的元器件才能保证安装工作的质量和效率。

1)电阻和电位器的安装

(1)电阻。大功率电阻(一般体积较大)与底板有些许空隙,以便散热;小功率电阻(一般体积较小)可贴紧底板,以减少引线形成的分布电感。注意不要装错,尤其是阻值形同而功率不同的电阻器,另外根据孔径选择卧式或立式安装。

(2)电位器。根据元件体上的标称值区分不同阻值的电位器,安装在面板上的相应位置。

2)电容的安装

瓷片电容安装时要注意其耐压范围和温度系数;电解电容、钽电容等另外还一定要注意其极性。

3)电感的安装

安装时不可生拉硬拽,没有屏蔽罩的电感要注意与周围元器件避免漏感交联。

4)二极管、晶体管的安装

(1)二极管。注意极性,带标志位或引脚短的一端一般为负极,安装前最好用万用表测量确定。

(2)晶体管。注意分辨型号、引脚次序等。大功率晶体管安装时要考虑其散热和绝缘问题。

5)集成电路的安装

拿取安装时防止人体静电,注意安装方向和引脚次序。

另外,安装各种电子元器件时,应将标注元器件型号和数值的一面朝上或朝外,以利于焊接和检修时查看元器件型号数据,这样能一目了然,如图 4-5 所示。

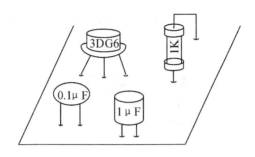

图 4 - 5   元器件安装数值朝向

4.2.3   焊接

有了以上准备,就可以按照要求进行印刷电路板的焊接了。这里再强调一下印刷电路板焊接时的注意事项。

(1)在拿起线路板的时候,最好带上手套或者用两指夹住线路板的边缘。不要直接用手抓线路板两面有铜箔的部分,防止手汗等污渍腐蚀线路板上的铜箔而导致线路板漏电。

(2)一般应选用内热式 20～35 W 或调温式电烙铁,烙铁头形状应根据印刷电路板焊盘的大小选取,一般手工焊接中多采用圆锥形烙铁头,加热时烙铁头温度调节到不超过 350 ℃。

(3)在每一个焊点加热的时间不能过长,应尽量避免让烙铁头长时间停留在一个地方,否则会导致局部过热,损坏铜箔或者元器件,使焊盘脱开或脱离线路板。

(4)焊接时不要使用烙铁头摩擦焊盘的方法来增加焊料的润湿性能,而应采用表面清理和预镀锡的方法处理。

(5)焊接金属化孔时,应该使焊锡润湿和填充整个孔,不要只焊接到表面的焊盘。

4.2.4   焊后清洗

为了保证焊接质量,采用锡铅焊料的焊接一般在焊接过程中都要使用助焊剂,助焊剂在焊接过程中一般并不能充分挥发掉,尤其是使用活性较强的助焊剂时,其反应后的残留物会影响电子产品的性能,会吸附潮气,因此其危害还是较大的。

目前,较普遍采用的清洗方法有液相清洗法和气相清洗法两种。有用机械自动清洗,也有用手工清洗。不论是采用哪种清洗方法,都要求清洗材料只对助焊剂的残留物有较强的溶解能力和去污能力,而对焊接点无腐蚀、无影响。

为了保证焊点质量,不允许采用机械方法刮掉焊点上的助焊剂残留物和污物,以免损伤焊点。

4.3 整机装配

整机装配顺序与原则:按组装级别来分,整机装配按元件级,插件级,插箱板级和箱、柜级顺序进行。

元件级:最低的组装级别,其特点是结构不可分割。

插件级:用于组装和互连电子元器件。

插箱板级:用于安装和互连的插件或印制电路板部件。

箱、柜级:它主要通过电缆及连接器互连插件和插箱,并通过电源电缆送电构成独立的有一定功能的电子仪器、设备和系统。

整机装配的一般原则:先轻后重,先小后大,先铆后装,先装后焊,先里后外,先下后上,先平后高,易碎易损坏后装,上道工序不得影响下道工序。

为了锻炼大家的动手能力,一般电子装调的装配和调试采用手工安装。手工印制板元器件安装方法一般有贴板安装、悬空安装、垂直安装等。其操作顺序是待装元器件→引线整形→插件调整及固定位置→焊接→检查。元器件安装时,元器件的标志方向应按照图纸规定的要求,安装后要能看清元器件上的标志。若装配图纸没有指明方向,则应使标记置于外侧易于辨认,并按从左到右、从上到下的顺序读出。同一规格的元器件应尽量安装在同一高度上,安装之前一定要认真判别好元器件的极性,元器件的极性不得装错。

4.4 调试技术

4.4.1 单元电路调试技术

所谓单元电路调试,就是电路中存在一些特定结构或功能的电路,在检测调试时通常先逐个检查这些电路。最后再将它们联系起来,这样会方便省时。

因为单元电路具有一定的工作特性,所以检查单元电路在直流工作特性和断电状态下的元器件电阻特性的变异情况是检查单元电路的根本目的。另外,虽然单元电路具有一定的针对性,但是不同的单元电路也有不同的检查方法。

注意:有源网络一般应先测电压,后测电流或电阻,通电时只能测量电压、电流,测电阻时需要断电;无源网络不测电压、电流。

4.4.2 整机调试技术

整机调试是把各个部件组装在一起进行的有关测试,它的主要目的是使电子产品完全达到原设计的技术指标和要求。其一般流程如下:

(1)整机内部结构的检查。主要是检查内部连线的分布是否合理规范,内部元器件的安装焊接是否合理牢靠,各单元电路板或其他部件与机座是否紧固。

(2)整机外观的检查。主要是检查外观部件是否齐全,外观调节部件是否灵活可靠。

(3)单元电路的复检。主要是检查各单元电路连接后,其产生的相互影响、单元电路的性能指标是否有所改变,若有所改变,应调整相关元器件。

(4)整机技术指标的测试。主要是对已调整好的整机必须进行严格的技术测定,以判断它是否达到原设计的技术要求。

不同类型整机有各自的技术指标,也有各自相应具体的测试技术方法。大家可以根据具体的电子电路产品的性能指标要求,结合专业调试书籍进行具体操作。

第5章　电子装调实例

本章共给出4个实例,分别是 MF47 型指针式万用表的装调、功率放大器的装调、酒精探测仪的装调、光电式防盗报警系统的装调,其中 MF47 型指针式万用表、功率放大器、酒精探测仪都可以在市场上买到现成的适于学生的实习套件,而光电式防盗报警系统也有相关的实习套件,但是本章主要从设计的角度出发,对各个元器件的参数值进行计算,并用 Multisim 对电路进行仿真,从而提高同学们学习的兴趣。

5.1　MF47 型指针式万用表的装调

万用表是一种多量程、多种电量测量的便携式仪表,是电子实验室常用于测试和判断的重要工具,一般可测量交/直流电压、直流电流和电阻,亦称三用表,有的万用表还可以测量音频电平、交流电流、电容值、电感值和晶体管电流放大系数 $\beta(h_{fe})$ 等。

万用表按结构可分为机械指针式和数字式两大类,它们各有优点。对于电子初学者,我们建议使用指针式万用表,因为它对我们熟悉一些电子知识很有帮助。指针式万用表的型号很多,但结构基本相同,使用方法也基本相同。本次装配和调试的对象是 MF47 型指针式万用表,因此本节主要讨论该型万用表的结构、工作原理及使用方法。

5.1.1　MF47 型指针式万用表总体结构

1. 总体结构

MF47 万用表的实物如图 5-1 所示。它主要由面板、表头和表盘、转换开关(选择开关)、测量线路 4 部分组成。

面板上部是表头指针、表盘;表盘下方正中是机械调零旋钮;表盘上有 6 条标度尺;面板下部是转换开关、零欧姆调整旋钮和各功能的插孔;转换开关大旋钮位于面板下部正中,周围标有该万用表测量功能及其量程;转换开关左上角是测 PNP 和 NPN 型三极管插孔;左下角标有"＋"和"－"者分别为红、黑表笔插孔;转换开关右上角为零欧姆调整旋钮;右下角从上到下分别是 2500 V 交/直流电压和

图 5-1 MF47 万用表的实物示意图

10 A 直流电流测量专用,红表笔插孔。

指针式万用表的核心部分是磁电式微安表头,它由固定和可动部分组成,固定部分由永久磁铁、极靴、圆柱铁芯、表盘和弧形反光板组成,可动部分由绕在铝框上的线圈、指针、游丝弹簧和机械零位调整器组成。

转换开关有固定触点和活动触点,旋转转换开关使活动触点位于不同位置,接通相应的触点,构成相应的测量电路。

在磁电式微安表头上加上元器件构成测量电路可以实现电阻测量、直流电流测量、交/直流电压测量等功能,并可以通过转换开关进行选择。当表头并联上不同阻值的分流电阻时,就构成不同量程的直流电流表;当表头串联上不同阻值的电阻时,就构成不同量程的直流电压表;当表头上加上整理器、分流电阻时,就构成多量程的交流电流表和交流电压表;当表头外接电池和加上附加电阻、分流电阻时,就构成多量程的欧姆表。

指针式万用表的表笔分为红、黑表笔。使用时将红表笔插入标有"+"号的插孔中,黑表笔插入标有"COM－"号的插孔中。另外,MF47 还提供 2500 V 交直流电压扩大插孔和 10 A 的直流电流扩大插孔,使用时将红表笔分别插入即可。

2. 表头结构

常用电工仪表按工作原理的不同分为磁电式和电磁式两类。MF47 的表头为磁电式结构,磁电式仪表是指利用仪表可动线圈中的被测电流产生的磁场和固定的永久磁铁产生的恒定磁场之间的相互作用来工作的仪表。

磁电式仪表的结构如图 5-2 所示,其永久磁铁置于可动线圈外面,由永久磁铁、极靴和圆柱形铁芯组成仪表的固定部分;绕在铝框上的线圈、线圈两端的轴、指针、平衡重物、游丝等组成仪表的可动部分,整个可动部分被支撑在轴承上。可动线圈位于永久磁铁磁场中,当被测电流通过线圈时,线圈受到磁场力的作用产生电磁转矩而绕中心轴转动,带动指针偏转,指针偏转时又带动游丝运动而发生弹性形变。当线圈偏转的电磁力矩与游丝形变的反作用力矩相平衡时,指针便停留在相应位置,并在面板刻度尺上指出被测数据。

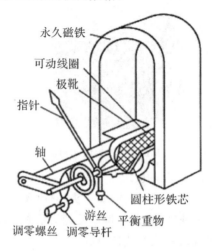

图 5-2　磁电式仪表的结构示意图

磁电式仪表的优点是刻度均匀,仪表内部耗能小,灵敏度和准确度较高。另外,由于仪表本身的磁场较强,所以抗外界磁场干扰能力较强。磁电式仪表的缺点是结构复杂,价格较高,过载能力小,且只能用来测量直流。由于磁电式仪表准确度较高,所以经常用作实验室仪表和高精度的直流标准表,通常用来测直流电流、直流电压,也用作万用表的表头。

使用磁电式仪表的注意事项:测量时,电流表要串联在被测的支路中,电压表要并联在被测电路中;使用直流表,电流必须从"+"极性端进入,否则指针将反向偏转;一般的直流电表不能用来测量交流电,仪表误接交流电时,指针虽无指示,但可动线圈内仍有电流通过,若电流过大,将损坏仪表;磁电式仪表过载能力较低,注意不要过载。

5.1.2　MF47 型指针式万用表的测量原理

MF47 型指针式万用表(以下简称 MF47)具有 26 个基本量程和 7 个附加参数量程,是一种多量程、分挡细、灵敏度高、性能稳定、过载保护可靠、读数清晰的万用表。

1.测量电路

MF47 型万用表测量电路原理如图 5-3 所示。电路主要包括直流电压测量、交流电压测量、直流电流测量和电阻测量、晶体管参数测量等多种电量测量电路。

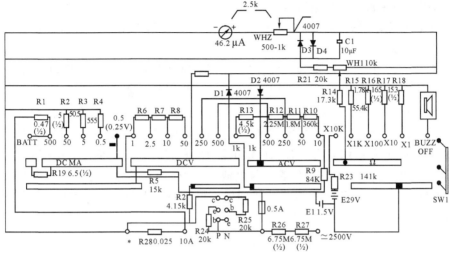

图 5-3　MF47 型万用表测量电路原理图（电阻未注明者，单位为 Ω，功率为 1/4W）

它的显示表头是一个直流电流表（μA 级），WH2 是电位器用于调节表头回路中的电流大小，D3、D4 两个二极管反向并联并与电容并联，用于保护限制表头两端的电压，起保护表头的作用，使表头不因电压、电流过大而烧坏。电阻挡分为×1 Ω、×10 Ω、×100 Ω、×1 kΩ、×10 kΩ 几个量程，当转换开关打到某一个量程时，与某一个电阻形成回路，使表头偏转，测出阻值的大小。

2. 最基本的测量电路

MF47 最基本的测量原理图如图 5-4 所示。

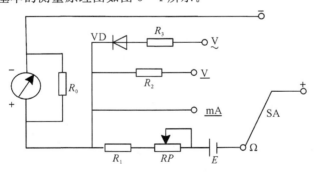

图 5-4　MF47 最基本的测量原理图

它由表头、电阻测量挡、电流测量挡、直流电压测量挡和交流电压测量挡几个部分组成，图中"－"为黑表笔插孔，"＋"为红表笔插孔。

测量交流电压时把转换开关 SA 拨到"V"挡,通过二极管 VD 整流,电阻 R_3 限流,由表头显示被测交流电压值。

测量直流电压时把转换开关 SA 拨到"V"挡,仅需电阻 R_2 限流,被测直流电压由表头显示出来。

测量直流电流时,既不须二极管整流,也不须电阻 R 限流,表头即可显示。

测电压和电流时,外部有电流通入表头,因此不须内接电池。

测量电阻时,把转换开关 SA 拨到"Ω"挡,这时外部没有电流通入,因此必须使用内部电池作为电源,设外接的被测电阻为 R_x,表内的总电阻为 R,形成的电流为 I,由 R_x、电池 E、可调电位器 RP、固定电阻 R_1 和表头部分组成闭合电路,形成的电流 I 使表头的指针偏转。红表棒与电池的负极相连,通过电池的正极与电位器 RP 及固定电阻 R_1 相连,经过表头接到黑表棒与被测电阻 R_x 形成回路产生电流使表头显示。回路中的电流为

$$I = \frac{E}{R_x + R}$$

可以看出,I 与 R_x 是非线性关系,所以表盘上电阻标度尺的刻度是不均匀的。当 R_x 越小时回路中的 I 越大,指针的摆动越大,因此电阻挡的标度尺刻度是反向分度。

当万用表红黑两表笔直接连接时,即外接电阻 $R_x = 0$,则

$$I = \frac{E}{R_x + R} = \frac{E}{R}$$

此时通过表头的电流最大,表头摆动最大,因此指针指向满刻度处,向右偏转最大,显示阻值为 0 Ω。

反之,红黑表笔开路时 $R_x \to \infty$,故 R 可以忽略不计,电流为 0,则

$$I = \frac{E}{R_x + R} \approx \frac{E}{R_x} \to 0$$

此时通过表头的电流最小,指针指在表头机械零点上。

3. 直流电流挡的测量电路和工作原理

磁电式表头的指针偏转角与通过线圈的直流成正比,刻度盘上的读数即可指示被测电流的大小。表头的满偏电流是 46.2 μA,在测量大电流和多量程电流时必须加上不同的分流电阻分流,并且并联电路的电流分配与电阻成反比。直流电流测量电路原理图如图 5-5 所示。

4. 直流电压挡的测量电路和工作原理

万用表表头内阻 R_g 是定值,满偏电流 I_g 是 46.2 μA,表头允许的最大电压是 $U_g = R_g I_g = 46.2 \times 10^{-6} \times 2.543 \times 10^3 \approx 0.117$ V。在测量大于此电压的电压值和

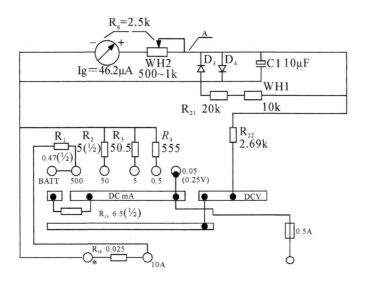

图 5-5　直流电流测量电路原理图

多量程测量时,需要串联电阻分压。直流电压测量电路原理如图 5-6 所示。

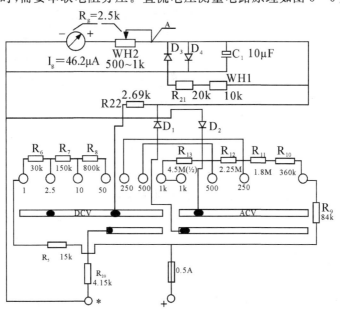

图 5-6　直流电压测量电路原理图

5. 交流电压挡的测量电路和工作原理

前面介绍过指针式万用表的磁电式表头指针偏转是因为通流线圈在磁场中转

动,当线圈中通过交变电流时,指针偏转的大小、方向都应随交变电流的变化而变化。但由于磁电式表头的可动部分有较大惯性,它们跟不上交变电流的快速变化,结果指针停留在零的位置上。因此,磁电式仪表不能直接用来测量交变电压和交变电流,而必须把交变电流转变成单一方向的脉动电流(即进行整流)以后,再通入表头线圈。MF47 采用二极管半波整流电路,将交流信号转变为脉动直流信号,使流过表头线圈的电流为单方向的脉动直流。由于表头可动部分的惯性较大,指针不会随其瞬时值摆动,而是反映其平均值。为了读数方便,刻度盘上用交流量的有效值表示。平均值和有效值之间为 0.45 倍的关系。交流电压测量电路原理如图 5-7 所示。

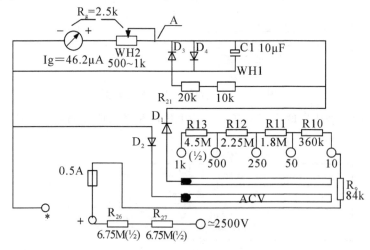

图 5-7　交流电压测量电路原理图

6. 电阻挡的测量电路和工作原理

在测量电阻时,因为被测电阻不能提供测量电流,因此用表内的直流电源 E 供电。电阻挡分为 ×1 Ω、×10 Ω、×100 Ω、×1 kΩ、×10 kΩ 共 5 个量程。例如将挡位开关旋钮打到 ×1 Ω 时,外接被测电阻通过"－COM"端与公共显示部分(表头)相连;通过"＋"端经过 0.5 A 熔断器(保险丝)接到电池,再经过电刷旋钮与 R18 相连,WH1 为电阻挡公用调零电位器,最后与公共显示部分形成回路,使表头偏转,测出阻值的大小。电阻挡测量电路原理如图 5-8 所示。

电阻计的内阻为

$$R_i = [(R_g + R_{W1}) /\!/ (R_{21} + R_{W2}) + 17.3 \text{ kΩ}] /\!/ R_{18}$$

根据电路可得

$$I = \frac{E}{R_i + R_x}$$

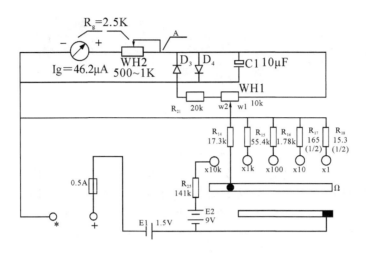

图 5-8　电阻挡测量电路原理图

从上式中可以看出，I 与 R_x 之间是非线性的，因此电阻挡的刻度盘标度是不均匀的，并且是反向分度的。当 E、R_i 一定时，回路电流随被测电路的改变而变化。当 $R_x \to \infty$ 时，指针不偏转。当 $R_x = 0$ 时，指针偏转最大，所以可以把被测电路两端短路，调节可调电阻使指针达到满偏。当 $R_x = R_i$ 时，指针应指向刻度盘的中间，因此通常将 R_i 称为电阻计的中值阻值。

5.1.3　指针万用表的安装与焊接

本次装调所用的 MF47 万用表印制电路板是单面板，因此，仅有晶体管插座、4 个输入插管和电位器安装焊接都在电路板的绿色焊接面，其余元器件均安装在电路板的黄色元件面，焊接在绿色焊接面。

1. 电阻和电位器

MF47 型万用表需安装的电阻共 28 个，电位器 2 个。其中 $R_1 \sim R_{27}$ 均为色环电阻，需要大家根据第 1 章所学的知识进行阻值的读取，然后将电阻阻值和电阻顺序一一对应安装，切忌安装错误。R_{28} 是一个导线电阻，即分流器，如图 5-9(b) 所示。因电阻功率不大，故本次卧式安装采用贴板安装，其元器件紧贴在印制基板上，安装间隙小于 1 mm，引线整形成需要的形状，目的是使它能迅速而准确地插入孔内。但元件引线开始弯曲处，应离元件端面的最小距离不小于 2 mm，弯曲半径不应小于引线直径的 2 倍。分流器不能影响电阻、塑料定位卡（印刷电路板定位卡）的安装。

电位器 WH_1 和 WH_2 如图 5-9(c)(d) 所示。安装时，应先测量电位器引脚间

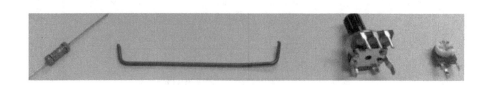

图 5-9　电阻

(a)色环电阻；(b)分流器；(c)10 k 电位器；(d)1 k 电位器

的阻值，电位器共有三个并排的引脚中，两端的 1、3 引脚为固定触点，中间 2 引脚为可动触点，当旋钮转动时，1、2 或者 2、3 间的阻值发生变化。电位器的两个粗的金属脚主要用于固定电位器。安装时应捏住电位器的外壳，平稳地插入，不应使某一个引脚受力过大，不能捏住电位器的引脚安装，以免损坏电位器。安装前应用万用表测量电位器的阻值，例如 10 k 电位器。电位器 1、3 为固定触点，之间的阻值应为 10 kΩ，拧动电位器的黑色小旋钮，测量 1 与 2 和 2 与 3 之间的阻值应在 0～10 kΩ 间变化。如果没有阻值，或者阻值不改变，说明电位器已经损坏，不能安装，否则引脚焊接后，要更换电位器就非常困难了。在焊接过程中，只需焊接动点和定点 3 个引脚，其余 2 个引脚卡入相应插槽中即可，要控制好温度，不要使焊接温度过高损坏电位器。

2. 输入插管

输入插管装在绿面，是用来插表棒的，因此一定要焊接牢固。将其插入线路板中，用尖嘴钳在黄面轻轻捏紧，将其固定，一定要注意垂直，否则难以插入表笔等塑料插孔，不利于印刷电路板的安装和表笔的插入，最后将两个固定点焊接牢固，4 个输入插管如图 5-10 所示。

3. 晶体管插座

晶体管插座装在线路板绿面，用于判断晶体管的极性。在绿面的左上角有 6 个椭圆的焊盘，中间有两个小孔，用于晶体管插座的定位，将其放入小孔中检查是否合适，如果小孔直径小于定位突起物，应用锥子稍微将孔扩大，使定位突起物能够插入。晶体管插座如图 5-11 所示。

图 5-10　4 个输入插管　　　图 5-11　晶体管插座

4. V 形电刷

将电刷旋钮的电刷安装卡转向朝上，V 形电刷有一个缺口，应该放在左下角，因为线路板的3条电刷轨道,中间2条间隙较小,外侧2条间隙较大,当电刷缺口在左下角时,电刷接触点方可与电刷轨道相对应,一定不能放错,电刷的正确安装如图5-12所示。电刷四周都要卡入电刷安装槽内,用手轻按,看是否有弹性并能自动复位,如果电刷不弹起,则电刷有毛刺,须及时更换电刷或用刀片修理电刷上的毛刺。

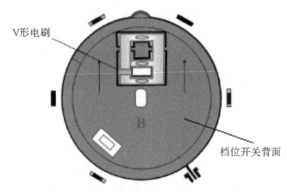

V形电刷

档位开关背面

图5-12 电刷的正确安装

如果电刷安装的方向不对,将使万用表失效或损坏,如图5-13所示为错误的安装。图中a开口在右上角,电刷中间的触点无法与电刷轨道接触,使万用表无法正常工作,且外侧的两圈轨道中间有焊点,使中间的电刷触点与之相摩擦,易使电刷受损;b和c使开口在左上角或在右下角,3个电刷触点均无法与轨道正常接触,电刷在转动过程中与外侧两圈轨道中的焊点相刮,会使电刷很快折断并损坏。

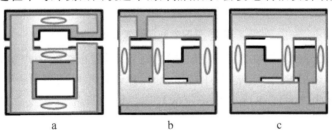

a   b   c

图5-13 电刷的错误安装

5.电解电容、二极管

电解电容器和二极管安装时根据标志,注意极性。

6.线路板

电刷安装正确后,元器件焊接完成后,方可安装线路板。

安装线路板前先应检查线路板焊点的质量及高度,特别是在外侧两圈轨道中的焊点,由于电刷要从中通过,安装前一定要检查该处焊点高度,不能超过 2 mm,直径不能太大,如果焊点太高会影响电刷的正常转动甚至刮断电刷或轨道。

焊接时要注意电刷轨道上一定不能黏上锡,否则会严重影响电刷的运转。为了防止电刷轨道黏锡,切忌用烙铁运载焊锡。由于焊接过程中有时会产生气泡,使焊锡飞溅到电刷轨道上,因此应用一张圆形厚纸垫在线路板上。如果电刷轨道上黏了锡,用吸锡绳将锡尽量清除,但由于线路板上的金属与焊锡的亲和性强,一般不能除尽,只能用小刀稍微修平整。

线路板用三个固定卡固定在面板背面,将线路板水平放在固定卡上,依次卡入即可。如果要拆下重装,依次轻轻扳动固定卡。注意在安装线路板前先应将表头连接线焊上。

7. 其他部件的安装

机械部分包括面板、表头、挡位开关旋钮、电刷旋钮、挡位牌、标志、弹簧、钢珠(一体化,满偏电流 $I_g = 46.2 \ \mu A$),为了保证安装后的精确度,本次采用的 MF47 指针万用表套件的表头、挡位开关部分均已安装完备,无需同学们再次进行安装。

保险丝的安装:需要先安装保险丝夹,安装于黄色面板,将 2 个保险丝夹安装焊接好以后,将保险丝卡在夹子之中,注意不能使其松动。保险丝和保险丝夹如图 5-14 所示。

图 5-14　保险丝和保险丝夹示意图

电池极片的安装:先在塑料插槽中试插好后,再进行线路的焊接,应便于电池的装(卡)入。焊接导线和电池极片在焊接时,建议使用前面章节介绍的绕焊或者钩焊,另外,在焊接时应注意导线长短的对应。电池极片形状及数量如图 5-15 所示。

(a)　　　　(b)　　　　(c)

图 5-15　电池极片示意图

(a)1.5V 负电波夹　(b)1.5V 正电池夹　(c)9V 正/负电池夹

将上述部件安装好后,检查无误,电路焊接好并调试通过以后,最后是装后盖,装后盖时左手拿面板,稍高,右手拿后盖,稍低,将后盖向上推入面板,拧上螺丝,注意拧螺丝时用力不可太大或太猛,以免将螺孔拧坏。

5.1.4 万用表故障的排除

我们手工安装好的万用表,由于安装过程中的不确定因素,例如虚焊、安装位置偏移等原因,容易发生故障,因此安装完成后需要进行故障的排除。

指针式万用表的常见故障可以分成两大类:一类是人为故障(即因为人们使用不当而引起的);另一类是万用表本身的故障(即因为元器件、电路损坏而引起的。它又可分成机械、电器、测量电路的故障)。下面,分别对故障的现象和简单排除的方法进行介绍,以供参考。

1. 人为故障与简单排除方法

这类故障是因为人们对万用表的使用不当而造成的。为了避免故障发生,使用者必须熟记第 2 章常用仪器、仪表中指针式万用表的基本使用方法。

2. 机械故障与简单排除方法

(1)指针不能持续平稳地偏转,不能正确指示实际测量值,这是因为

①表头可动部分的间隙掉入杂物。此时只要打开箱盖,把铁芯与磁极间的间隙清除干净即可。

②表头支架移位,此时只要调整一下支架的位置,使其恰好在间隙的中央。

③固定表盘的螺钉松动,此时只要紧固一下螺钉即可。

④指针支持架变形,指针弯曲,动圈轴尖跳出轴承,指针支持架的尾部搁在磁极上了,指针可动装置受外部导线阻挡等。排除的方法是重新调整指针与刻度盘的间隙,校直指针,把动圈轴尖恢复到轴承上,拨开或移动阻碍指针可动部分的导线。

(2)过大的指示偏差。这是因为仪表长期使用后,轴尖球面被磨秃,使轴尖与轴承之间的摩擦力加大,或因为标尺、指针指示数装置有误差,如:指针几何形状的偏差,刻度盘与指针装配位置有移动等。排除的办法是换一个新的轴尖或校正位置,使指针尾部端点与轴承中心线、指针三者处于同一条线上。

3. 电气故障与简单排除方法

表头灵敏度下降。这种故障主要表现为游丝性能下降,动圈局部短路,表头的磁性衰减。排除的办法是用无水酒精清洗游丝,对变形严重、弹性疲劳、烧伤或被腐蚀过的游丝应更换为与原游丝参数相同的游丝,或更换一个与原动圈参数相同

或接近的动圈。至于解决磁性衰减问题,只有用充磁的办法,为了正确控制充磁量的大小应在充磁后再进行退磁。

4.测量电路的故障与简单排除方法

(1)直流电流测量电路的故障与简单排除。

①各种量程挡表头均无指示。应检查测量电路中是否有断路点,到测试笔间有断路点,如果有的量程挡表头有指示,有的量程上表头没指示,则只要检查表头没指示挡与相邻表头有指示挡之间的电路是否有断路或切换该挡的转换开关接触是否良好即可。

②读数有误差。主要是表头支路总电阻阻值或分流支路总电阻阻值发生了变化所致。

③时好时坏。通常是因为一些焊点有虚焊所致。可以用敲打、接触、用其他仪表测试等方法找出虚焊点,加焊一下即可。

(2)直流电压测量电路的故障与简单排除方法。

因为直流电压表的故障表现、排除方法与直流电流表是一样的,故这里不再详细讨论,只举例简述一下。

①各量程挡表头均无指示。与直流电流表一样,也是因为被测件与表头间有断路点,同理可用电阻计检查出断路点后焊好就行了。对于不同量程挡有的表头有指示,有的表头没有指示,与直流电流表一样主要查该挡通路中是否有断路点或转换开关接触不良现象。

②读数有误差。与直流电流表一样,是因阻值变化引起的。直流电压表主要是降压电阻阻值变低所致,总电阻阻值变低则读数就会发生误差偏大。

(3)交流电压测量电路的故障与简单排除方法。

①各量程挡表头均无指示量直流电压的基础上加了整流元件——两只二极管,测量时表头没有指示,除了应俭查被测件和表头间各个通路上是否有断路点(如有的量程挡表头有指示,有的量程挡表头没有指示,还要检查转换开关的接触问题)外,还要检查两只二极管是否有短路或反接现象。如查出断路点应焊好,二极管短路了就应换一只;二极管反接时应把它正过来。

②读数有误差。如前所述,引起读数误差的原因是与表头配合的分流、分压电阻的阻值发生变化。对于测量交流电压值,除了考虑阻值的变化外,还必须考虑二极管,如二极管,参数变化会使各量程挡的读数均产生误差,二极管反向电流过大各量程挡的读数都会偏小。如二极管击穿,则各量程挡的指针只能偏转较小的位置,无法正确读数。

(4)电阻测量电路的故障及简单排除方法。

①短接红、黑表笔,各量程挡的指针均不动:这是因为插孔与连接导线的插棒

之间或测试笔与导线之间断开了,或调零电位器的动点未接通,或表头支路断路,或开关接触不良,或没接电池,或保险丝熔断,或工作电源未与电路接通。这些故障均可用电阻计逐个查出,逐个解决。

②读数有误差。如果各挡读数都在小阻值范围内(指针偏转很大),各挡的分流电阻 R 偏小或偏大,将引起该挡读数的误差,则量程挡的读数误差偏大。

③调零电位器失灵。可能是该挡的工作电源电压不足或电位器本身失灵。这时应该更换一下新电池,或换上线绕排列均匀的线绕电位器,也可换用动片与碳膜之间有良好接触的碳膜电位器。

因为万用表是测量仪器,一般不要自己动手去维修它,如果要自己动手维修,必须送到专业的校验机构进行效验,才能使用。

另外,要注意电刷、电池极片、接线等是否安装正确,是否安装保险丝。一般情况下,在测电压指针反偏时,则是二极管接反;在测电压示值不准时,则焊接有问题。

综上所述,可以总结出:

(1)表头没有任何反应。表头、表棒损坏;接线错误;保险丝没装或损坏;电池极板装错(如果将两种电池极板位置装反,电池两极无法与电池极板接触,电阻挡就无法工作);电刷装错。

(2)电压指针反偏。这种情况一般是表头引线极性接反。如果 DCA、DCV 正常,ACV 指针反偏,则为二极管 D1 接反。

(3)测电压示值不准。这种情况一般是焊接有问题,应对被怀疑的焊点重新处理。

5.2 功率放大器的装调

5.2.1 功率放大器的工作原理

功率放大器简称功放,是放大电路的最后一级(即输出级),它可以提供足够大的功率来驱动负载工作。功率放大器最主要的作用就是在确定的电源电压下,对信号尽可能地放大,也就是输出尽可能大的功率。

中夏 ZX2025 型立体声功率放大器具有失真小、外围元件少,装配简单易懂,功率大、保真度极高等特点,其电路原理如图 5-16 所示。

该电路由电源电路、左(L)声道功率放大器、右(R)声道功率放大器三部分组成。

1.电源电路

电源电路主要由整流桥构成,4 个整流二极管构成桥式全波整流电路,利用二极管的单向导电性,输入交流电流每次都通过其中的 2 个二极管,得到正向全波输出。

在图 5-16 中,整流后输出端接 C17、C18 两个滤波电容和负载电阻,则 12 V交流电经过 2 个二极管整流后,输出电压 U_0 约为 $1.2U_2$,经计算后输出电压 U_0 约为 14.4 V,输入信号再通过两个大电容 C1、C2 进行滤波,得到输出较为平滑的15 V直流信号。

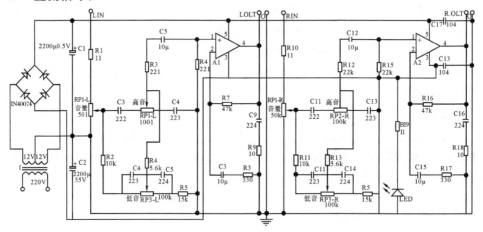

图 5-16　中夏 ZX2025 型立体声功率放大器的电路原理图

2.左(L)声道功率放大器

由于在该电路中,左声道和右声道功率放大器的电路完全对称,所以在分析电路时,只需要分析其中一个电路即可。下面对左声道功率放大器进行电路原理分析,如图 5-17 所示。

左声道功率放大器的音频功放电路由集成功放 TDA2030A、输入选频网络和输出反馈网络组成。

在输入端 R1 对输入的音频信号进行调节,若音频电流越大,则在 R1 上形成的压降就越大,R1 的分压效果就越好,其对强输入信号的削弱作用就越明显,使得音量趋于平稳。RP1-L 用来对输入信号的强弱进行控制。当滑片向上滑动时,对输入信号的分流减弱,可以更好地把输入信号传递到下一级,信号得到放大,即音量得到调高,反之则调低。

由于电容具有隔直通交的特点,故频率较高的高音分量通过主要由电容组成的高音调节支路,左声道功率放大器的高音调节部分主要由 RP2-L、C3 和 C6 组

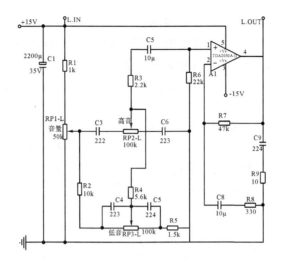

图 5-17 左声道功率放大器的电路原理图

成,RP2-L、C3、C6 对低输入信号中的高音分量进行调解,因电容 C3、C6 容抗的影响,音频信号中频率较低的分量被削弱,只能传送其中频率较高的分量。而频率较低的低音分量通过主要由电阻组成的低音调节支路,左声道功率放大器的低音调节部分主要由 RP3-L、R2 和 R5 组成,RP3-L、C4、C5 对音频信号中的低音分量进行控制,当 RP3-L 的滑臂滑向左端时,低音分量相对削弱。反之,低音分量相对增强。

　　RP2-L 和 RP3-L 控制的高低分量的音频信号经电阻 R3 衰减后,再经电容 C3 传送至功放集成块 TDA2030A 的输入端子 1,最后经过放大后从输出端子 4 输出。为了使功放工作稳定,输入端采用了由 R7、C8R8、C9R9 组成的 π 型反馈网络,将输出信号反馈至输入端,形成负反馈,避免了对功放管的过压和过流冲击。

5.2.2　功率放大器的安装和调试

　　根据中夏 ZX2025 型立体声功率放大器套件中的安装说明书,将功率放大器的电路板安装、焊接成功后,即可进行调试,为了提高大家安装调试的成功机率,应该注意以下几点。

　　(1)LED 和 R19 为电源指示电路,以指示电源是否正常。

　　(2)变压器和整流桥之间应该加上电源开关。

　　(3)特别要提出来的是功放芯片的选择,TDA2030(A)不带 A 是 14 W 的小功率管子,带 A 的是 18 W 的管子。

　　(4)一定要装配散热面积比较大的散热器,以免烧坏 TDA2030A,而且应先将

散热器用 φ3×8 的自攻螺丝拧在散热器上。

(5)安装时先装卧式元件,如电阻、二极管,再装瓷片电容、电解电容,再安装电位器、开关等特定结构的器件,最后装集成电路。

(6)整流二极管和电阻电容等元件都没有特殊要求,若按照所提供的元件进行装配一般是能成功的。

动手调试之前,先测试两组喇叭并在 OUT 端接好(注意千万不要短路),再将输入信号接好;若没有立体声信号源,也可以将两个输入端短接,并联后接入一个输入信号,接好电源变压器的双交流电源,在通电之前将音量调至最小,通电后测量 TDA2030A 的第 4 脚电压为 0 或接近 0,最后滑动不同的电位器去调节相应控制音量。

5.3 酒精探测仪的装调

5.3.1 酒精探测仪的工作原理

酒精探测仪采用酒精气体敏感元件作为探头,由一块集成电路对信号进行比较放大,并驱动一排发光二极管按照信号电压高低依次显示,该探测仪电路简单,易于调试,性能可靠。

刚饮过酒的人,只要向探头吹一口气,探测仪就能显示出酒精气体的浓度高低。若把探头靠近酒瓶口,它也能相对地区分酒精浓度含量的高低。

1. 酒精探测仪的原理

酒精探测仪的电路原理如图 5-18 所示。该电路采用 9 V 的干电池供电,并经过三端稳压器 7805 稳压,输出稳定的 5 V 电压作为气敏传感器 MQ-3 和集成电路 LM3914 的共同电源,同时也作为 10 个共阳极发光二极管的电源。因此,外部电路相对简单。

气敏传感器的输出信号送至 LM3914 的输入端(5 脚)通过比较放大,驱动发光二极管依次发光。10 个发光二极管按 LM3914 的引脚(10~18、1)次序排成一条,对输入电压作线性 10 级显示。输入灵敏度可以通过电位器 RP 调节,即对"地"电阻调小时灵敏度下降;反之,灵敏度增加。

LM3914 的 6 脚和 7 脚相互短接,且串联电阻 R2 接地。改变 R2 的阻值可以调节发光二极管的显示亮度,当阻值增加时亮度减弱,当阻值减小时亮度增强。LM3914 的 2 脚、4 脚、8 脚均接地,3 脚、9 脚接电源+5 V(三端稳压器 7805 的输出端),分别并联在 7805 的输入和输出端的滤波电容 C1、C2 上,是为了防止杂波

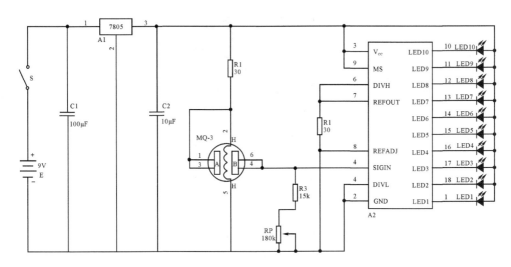

图 5-18　酒精探测仪的电路原理图

干扰,使 7805 输出的直流电压保持稳定。

LM3914 其内部的缓冲放大器最大限度地提高了该集成电路的输入电阻(5脚),电压输入信号经过缓冲器(增益为0)同时送到 10 个电压比较器的反相(一)输入端。10 个电压比较器的同相(+)输入端分别接到 10 个等值电阻(1 kΩ)串联回路的 10 个分压端。因为与串联回路相接的内部参考电压为 1.2 V,所以相邻分压端之间的电压差为 1.2 V/10＝0.12 V。为了驱动 LED1 发光,集成电路 LM3914 的 1 脚输出应为低电平,因此要求电压比较器反相(一)端的输入电压不小于 0.12 V。同理,要使 LED2 发光,反相端输入电压应大于 0.12 V×2＝0.24 V;要使 LED10 发光,反相端输入电压应大于 0.12×10＝1.2 V。

LM3914 的 9 脚为点、条方式选择端,当 9 脚与 11 脚相接时为点状显示;9 脚与 3 脚相接则为条状显示。本设计电路中采用的是条状显示方式。发光二极管集成驱动器 LM3914 结构图如图 5-19 所示。

2.酒精探测仪元器件的选择和测试

(1)酒精气敏传感器 MQ-3(1个)。判断各个引脚功能,明确引脚序号。

(2)集成稳压器 W7805(1个)。确认输入、输出及接地端。

(3)发光二极管 Φ3mm 或 Φ5mm(10个)。用万用表判断极性和好坏。

(4)发光 LED 集成驱动器 LM3914(1个)。判断各个引脚功能,明确引脚序号。

(5)色环电阻 2.4 kΩ,15 kΩ,1/8W(各1个)。判断阻值是否正确。

(6)电位器 WS-2-0.25W(1个)。判断型号是否正确,阻值是否合格。

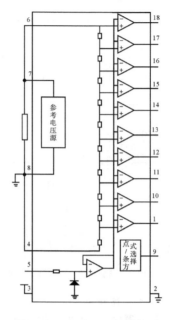

图 5-19　LM3914 的结构图

（7）电解电容器 $100\ \mu F/16\ V$，$10\ \mu F/16\ V$（各 1 个）。用万用表判断是否漏电，极性是否正确。

（8）开关（1 个）。检查通断是否可靠。

3.印制电路板的焊接

元器件焊接应遵循先小后大、先低后高、先里后外、先易后难的顺序进行安装和焊接。

根据孔距确定元件的安装方式，电阻采用卧式安装焊接，LED 采用立式安装焊接，并注意正负极。集成电路先将芯片底座焊接在印制板上，插接 LM3914 时注意引脚顺序。其他元器件根据具体封装进行适当的特定安装焊接。

5.3.2　酒精探测仪的调试

1.酒精探测仪的检测

（1）目视检测。根据电路原理图，检查各个电阻、电容值是否与图纸相符，各二极管极性及位置是否正确，集成电路管脚排列顺序是否正确，焊接时有无焊锡造成短路现象。

（2）通电检查。本制作的电路较为简单，安装好后成功率很高。在通电之前，用数字万用表的三极管通断挡位测量电源正负接入点之间的电阻,应该是高阻态。如果出现短路现象,应立即排查,防止通电后烧毁元器件。

2. 酒精探测仪的调试

本电路主要是通过电阻分压电路测量酒精气体浓度的变化,而 LM3914 也是根据输入电压大小决定点亮 LED 的数量的。因此,可以先调试传感器,观察电路是否正常。使用一组电压为 5 V 的稳压电源,系统通电后,将可调稳压电源的另一组输入调至 0.2 V 左右,其电源正极通过一个 1 kΩ 的电阻接入 C 点,其电源负极与系统电源负极短接。再调节电源从 0.2～5 V,观察输出 LED 的变化。正确的变化应该是 LED1～LED9 依次被点亮,如果没有一个 LED 被点亮,可能是 LM3914 的外围电路没有配合好,或者是电路某点是开路状态。

另外,酒精探测仪用于机动车驾驶人员及其他严禁酒后作业人员的现场检测,也用于其他场所乙醇蒸汽的检测。MQ - 3 气敏元件有 6 只针状管脚,其中 4 个(2 个 A,2 个 B)是用于信号取出的,2 个 H 脚是用于提供加热电流的。用单电源最主要的是 MQ - 3 的 B 引脚的对地电阻阻值的选择,当该阻值为 200 k 的时候,可能输出的电压值已经达到了最大,于是不能正确显示我们所要的结果,所以在调试的时候,此处需要使用电位器 RP,如果有几个 LED 未被点亮,可能是电位器 RP 的阻值偏小,此时调节 RP 阻值即可,一般将输出电压调在 VDD/2 周围即可,切忌也不要太大,否则出不来结果;所以,RP 也是控制系统灵敏度的关键所在。

3. 酒精液体校准

调试酒精探测仪时,应先准备一块浸过酒精的药棉,放置于小瓶内。调试时调节 RP 至最大值,然后打开瓶盖,逐渐靠近已经预热的 MQ - 3 探头,可以看到安装在探测仪上的 10 个发光二极管 LED1～LED10 依次被点亮。因为从瓶口附近直至瓶内存有不同浓度的酒精气体,越接近药棉处,酒精气体浓度越高。调节电位器 RP 的阻值可以调整探测仪的灵敏度,RP 阻值较小时灵敏度较低,反之阻值较大时灵敏度较高。

酒精探测仪在无酒气环境中预热 5～10 min 后,LED1～LED10 应均不发光,否则需要适当调节 RP;然后将探头 MQ - 3 伸入 0.5% 酒精气体中,调节 RP 使 LED1～LED5 发光,其余不发光,调好后锁定 RP;再将探头重新置于无酒气环境中时,LED 应全部熄灭,而后将探头伸入 0.2% 的酒精气体中,只有 LED1 和 LED2 发光,说明工作正常。

在非专业条件下,可以将 RP 阻值调至较大使用。若有条件,最好送标准检测部门校准并将 RP 锁住。

5.4 光电式防盗报警系统的装调

光电式防盗报警系统能有效地检测到人体信号,同时通过电路的处理,保证了系统的稳定性和较低的误报率。该电路利用多谐振荡电路作为红外线发射器的驱动电路,驱动红外发射管向布防区内发射红外线,接收端利用专用的红外线接收器件对发射的红外线信号进行接收,经信号分析,输出报警信号,又经报警信号锁定电路,将报警信号进行锁定,即使现场的入侵人员走开,报警电路也将一直报警,直到人为解除后方能取消。

光电式防盗报警系统通常由探测器(又称报警器)、传输通道和报警控制器三部分构成。

5.4.1 555 构成的多谐振荡器

1.555 定时器的工作原理与功能表

555 定时器是一种应用相当广泛的模拟电路和数字电路相结合的集成电路。它常用于脉冲波形的产生、整形和延时等,可构成施密特触发器、单稳态触发器和多谐振荡器等电路。

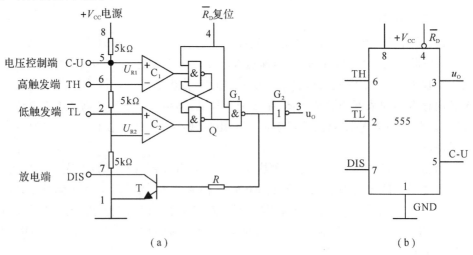

（a）　　　　　　　　　　　　（b）

图 5-20　555 定时器的电路示意图

(a)结构图;(b)电路符号

从图 5-20 中可以看出,555 定时器的电路是由 3 个相同电阻组成的分压器、

2个模拟电压比较器 C_1 和 C_2、一个基本 $\overline{RS}$ 触发器以及输出缓冲级 G_1、G_2 和开关放电管 T 组成的。

电阻分压器由 3 个阻值均为 5 kΩ 的电阻组成。当电压控制端 C－U 端悬空时,电阻分压器为电压比较器 C_1 和 C_2 提供了基准电压: $U_{R1} = \dfrac{2}{3}V_{CC}$, $U_{R2} = \dfrac{1}{3}V_{CC}$。两个电压比较器的输出信号用以控制基本 $\overline{RS}$ 触发器的输出状态,并通过输出缓冲级最终控制 555 定时器的输出状态。当电压控制端 C－U 接入固定电压 U_{C-U} 时,可改变电压比较器的基准电压,例如:当 $U_{R1} = U_{C-U}$ 时, $U_{R2} = \dfrac{1}{2}U_{C-U}$。

555 定时器的输出状态 u_O 由基本 $\overline{RS}$ 触发器的输出端的高低电平来决定。而当复位端 $\overline{R}_D$ 为低电平时,不管基本 $\overline{RS}$ 触发器的输出端状态如何,输出 u_O 恒为低电平。

放电管 T 的状态由门 G_1 的输出来控制,当 G_1 输出高电平时,T 导通;当 G_1 输出低电平时,T 截止。

综上所述,555 定时器的功能见表 5－1。

表 5－1　555 定时器功能表

输入			输出	
高触发端 TH	低触发端 $\overline{TL}$	复位 $\overline{R}_D$	输出 u_O	放电管 T
×	×	0	低电平	导通
$>\dfrac{2}{3}V_{CC}$	$>\dfrac{1}{3}V_{CC}$	1	低电平	导通
$<\dfrac{2}{3}V_{CC}$	$>\dfrac{1}{3}V_{CC}$	1	保持不变	保持不变
×	$<\dfrac{1}{3}V_{CC}$	1	高电平	截止

2. 555 构成的多谐振荡器

多谐振荡器是各种数字系统中最基本的电路。它是一种自激电路,在接通电源后,不需要外加触发信号,便能自动产生连续的矩形脉冲输出。所谓多谐振荡器实际就是方波发生器,因其含有丰富的谐波,故称之为多谐振荡器。多谐振荡器通常用集成门电路外接反馈及稳频电路组成,在一些计算机系统(如单片机)中通常将振荡电路集成到芯片内,外部仅需接一个晶振及两个电容。

1)电路结构

555 外接定时电阻 R_1、R_2 和电容 C 构成的多谐振荡器如图5－21所示。图中,高电平触发端 TH 和低电平触发端 $\overline{TL}$ 直接连接定时电容 C;外部复位端 $\overline{R}_D$ 接直流电源 $+V_{CC}$。在 C－U 端一般加 $0.1\ \mu F$ 的电容来稳定 U_{C-U} 的电平。当 u_O 输出为高电平时,三极管处于截止状态,V_{CC} 通过 R_1 和 R_2 向电容 C 充电;当 u_O 输出为低电平时,三极管处于饱和状态,电容 C 通过 R_2 放电。

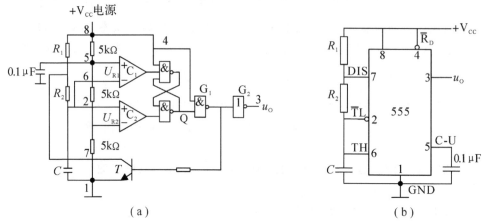

(a)   (b)

图 5－21　555 定时器构成的多谐振荡器示意图

(a)电路结构图;(b)电路图

2)工作原理

如图 5－22 为 555 构成的多谐振荡器的电压波形图。

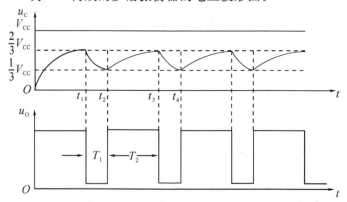

图 5－22　555 定时器构成的多谐振荡器的电压波形图

(1)上电。上电后电容初始电压为零,因电容两端电压不能突变,则有 $u_C = 0 < \dfrac{1}{3}V_{CC}$,此时,$u_O$ 输出高电平,放电管 T 截止,直流电源通过电阻 R_1、R_2 向电容

充电,电容电压开始上升。当电容两端电压 $u_C \geqslant \frac{2}{3}V_{CC}$ 时,输出变为低电平进入第 1 个暂稳状态,放电管导通。

(2)第 1 个暂稳状态。电容经电阻 R_2 和放电管放电,电容电压开始下降;当电容两端电压 $u_C \leqslant \frac{1}{3}V_{CC}$ 时,输出 u_O 便由低变高并进入第 2 个暂稳状态,放电管截止。

(3)第 2 个暂稳状态。由于放电管截止,电容电压又开始充电上升。当电容两端电压 $u_C \geqslant \frac{2}{3}V_{CC}$ 时,输出就又进入第 1 个暂稳状态,放电管导通。

(4)此后重复上述两个暂稳状态。

3)振荡周期

从图 5-22 可知,振荡周期 $T = T_1 + T_2$。

其中,T_1 表示放电时间,即电容两端电压从 $\frac{2}{3}V_{CC}$ 下降到 $\frac{1}{3}V_{CC}$ 所需时间。现以 $t = t_1$ 为起始点,同理,按照一阶 RC 电路分析的三要素方法,可得放电时间 T_1 为:

$$T_1 = R_2 C \ln \frac{0 - \frac{2}{3}V_{CC}}{0 - \frac{1}{3}V_{CC}} = R_2 C \ln 2 \approx 0.693 R_2 C$$

T_2 表示充电时间,即电容两端电压从 $\frac{1}{3}V_{CC}$ 上升到 $\frac{2}{3}V_{CC}$ 所需时间。以 $t = t_2$ 为起始点,可得充电时间 T_2 为

$$T_2 = (R_1 + R_2) C \ln \frac{V_{CC} - \frac{1}{3}V_{CC}}{V_{CC} - \frac{2}{3}V_{CC}} = (R_1 + R_2) C \ln 2 \approx 0.693 (R_1 + R_2) C$$

因此,振荡周期

$$T = T_1 + T_2 = 0.693 (R_1 + 2R_2) C$$

5.4.2　NE555 定时器组成的红外发射电路

发射电路实际是 555 外接电阻 R_1 和 R_2 与电容 C_1 构成的多谐振荡器,如图 5-23所示。

由 NE555 定时器介绍中可知:

接入 C_2 是用来稳定 CON 电平的,NE555 工作电压 VCC 接 5 V,要求输出频

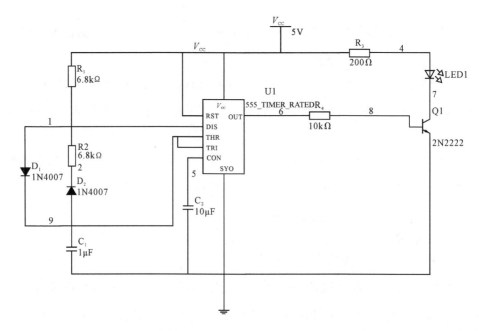

图 5 - 23　红外发射电路示意图

率约为 80 Hz，占空比为 50％的方波，由公式(4 - 3)可得频率

$$f = \frac{1}{T} = \frac{1.43}{(R_1 + 2R_2)C} \tag{5-1}$$

由工程电路可知：$C_1 = 1\ \mu F$。

可以得到

$$R_1 = R_2 = 6.8\ k\Omega$$

由红外发光二极管特性可知，管压降约为 1.4 V，工作电流一般小于 20 mA，可以得到

$$R_3 = \frac{5\ V - 1.4\ V}{20\ mA}$$

$R_3 = 180\ \Omega$，取 $R_3 = 200\ \Omega$

选取三极管的放大倍数 $\beta = 80$

由

$$i_C = \beta i_B \tag{5-2}$$

得

$$i_B = 0.5\ mA$$

经定时器 3 端输出电压约为 5 V，即 $V_B = 5\ V$

由

$$i_B = \frac{V_B - U_{BEQ}}{R_4} \qquad (5-3)$$

即

$$0.5 \text{ mA} = \frac{5 \text{ V} - 0.7 \text{ V}}{R_4}$$

可得

$$R_4 = 8.6 \text{ k}\Omega, \text{取 } R_4 = 10 \text{ k}\Omega$$

5.4.3 接收声光报警电路

信号处理由电压比较器 LM393 进行接收电压的分析比较并输出给锁存器
74LS00 进行信号锁存,之后输入声光报警电路中进行声光报警,如图 5 - 24 所示。

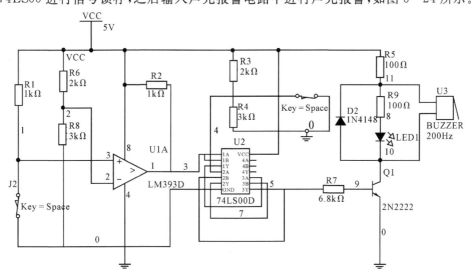

图 5 - 24 接收报警电路示意图(图示中用 J2 代替红外接收管)

由于红外接收二极管的特性(Multisim 仿真电路中用开关 J2 代替):在没有光
照时反向电流很小,有红外线光照时产生光电流。因此,当红外线照射到红外接收
管时,输入电压比较器同相输入端的电压为低电平(理想条件下为 0 V),电压比较
器的反相输入端固定输入 3 V 的电压,此时通过电压比较器后输出低电平无法驱
动蜂鸣器报警,而当红外线被遮挡时,输入电压比较器同相输入端的电压为高电平
(理想条件下为 5 V),通过电压比较器后输出高电平,此时蜂鸣器报警。而当蜂鸣
器报警时如果此时撤除红外线的遮挡物,由于锁存器的作用,蜂鸣器依然会报警,
这时如果按下开关键,则会消除蜂鸣器的报警。

报警模块的三极管 Q_1 起开关的作用,当 $U_{BE} > U_{on}$ 时三极管导通,当 $U_{BE} < U_{on}$ 时,三极管关断。二极管 D_1 为续流二极管,为防止突然关断时,蜂鸣器两端产生尖峰电压而损坏三极管。

LM393 的同相端的参考电压设为 3 V,则可选取 R_6 为 2 kΩ,R_8 为 3 kΩ,LM393 的输出需接上拉电阻,所以选取 R_2 为 1 kΩ,为使锁存器能正常工作,同理取 R_4 为 3 kΩ,R_3 为 2 kΩ。

5 V 有源蜂鸣器额定电流约为 40 mA,发光二极管的额定电流约为 20 mA,选取三极管的放大倍数 $\beta = 80$。

由公式(5-2)可得

$$i_B = 0.5 \text{ mA}$$

经锁存器输出的高电平约为 4 V,即 $U_B = 4$ V

由公式(5-3)可得

$$0.5 \text{ mA} = \frac{4 \text{ V} - 0.7 \text{ V}}{R_7}$$

则　　　　　　　　　$R_7 = 6.6$ kΩ,取 $R_7 = 6.8$ kΩ

由

$$i_C = \frac{V_{CC} - 0.7}{R_7} \tag{5-4}$$

可得

$$R_5 = 100 \text{ } \Omega, R_9 = 100 \text{ } \Omega$$

5.4.4　电源电路

因为系统是由集成块 IC 直接控制处理的,其稳定的电压十分重要,所以专门精心设计了一个稳压电源,如图 5-25 所示,确保步进电机在各种特殊的环境下都能正常工作。为了改善波纹特性,在稳压电源的输入端加接电容 C_1,C_3,在其输出端加接电容 C_2,C_4,目的是为了改善负载的瞬态响应,防止自激振荡和减少高频噪声。

5.4.5　系统调试与分析

在对该部分电路实行调试时,接通电源后电源指示灯亮,正常发光,在开始时系统自动通过复位电容实现开机瞬时自动复位,不需要手动复位。

(1)首先对电源部分进行调试。先将整流、滤波部分元件焊上,然后接上电源

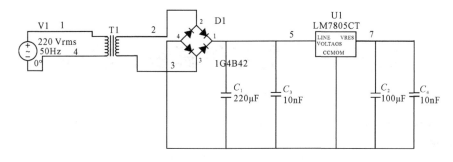

图 5-25　稳压电源原理图

变压器,用交流挡测变压器输出电压为 8.1 V,再用直流挡测整流滤波后的电压为直流 9.4 V 左右,正常,接上三端稳压后再测其输出电压,为稳定的 5.02 V,这些数据说明电源全部工作正常。

(2)发射部分的调试。接通发射部分的电源,用万用表测量红外二极管两端电压为 1.20 V,这说明电路已起振,工作正常。

(3)红外接收部分的调试。将红外发射部分与接收部分对齐,测量 LM393 的 3 端电压,约为 0 V,然后用手挡住红外线,这时电压变为 5 V,这说明红外部分电路工作正常。

(4)声光报警部分的调试。用导线连接 V_{CC} 与声光报警正极相连,发出警报,并且二极管发光。

第6章 电路仿真设计软件

我们利用所学的专业知识设计好电路后,需要对其进行仿真测试,结合可购买到的电子元器件的参数及时修改电路中的不足,直到电路中的各功能在仿真中都能实现,再开始进行 Protel 原理图到 PCB 的制作,最后进行硬件的焊接调试,这样可以大大节省硬件资源。目前,市面上的各类 EDA 电子设计自动化(Electronic Design Automation)软件很多,本章主要介绍 Multisim 软件和 Protel 软件。

6.1 Multisim 仿真软件简介

在众多的 EDA 仿真软件中,Multisim 软件界面友好、功能强大、易学易用,受到电类设计开发人员的青睐。Multisim 用软件方法虚拟电子元器件及仪器仪表,将元器件和仪器集合为一体,是原理图设计、电路测试的虚拟仿真软件。

Multisim 来源于加拿大图像交互技术公司(Interactive Image Technologies,简称 IIT 公司)推出的以 Windows 为基础的电子电路仿真设计工具软件。IIT 公司于 1988 年推出 Multisim 的前身 Electronics Work Bench(电子工作台,简称 EWB),以界面形象直观、操作方便、分析功能强大、易学易用而得到迅速推广使用。在 1996 年 IIT 对 EWB 进行了较大变动,名称改为 Multisim(多功能仿真软件)。IIT 后被美国国家仪器(NI,National Instruments)公司收购,软件更名为 NI Multisim。现在 Multisim 经历了多个版本的升级,9 版本之后增加了单片机和 LabVIEW 虚拟仪器的仿真和应用。

Multisim 不仅可以完成电路瞬态和稳态分析、时域和频域分析、噪声分析和直流分析等基本功能,而且还提供了离散傅里叶分析、电路零极点分析、交直流灵敏度分析等电路分析方法,并且具有故障模拟和数据存储等功能。同时,Multisim 为用户提供了大量的元器件数据库,标准化的仿真仪器,并且操作简单,仿真结果可信度高。

6.1.1 Multisim 操作界面

Multisim 的用户界面以图形界面为主,包括菜单栏、标准工具栏、主工具栏、虚拟仪器工具栏、元器件工具栏、仿真按钮、状态栏、电路图编辑区等组成部分,通过各部分的操作可以实现电路图的输入、编辑，并根据需要对电路进行相应的测试和分析，具有一般 Windows 应用软件的界面风格。Multisim 的用户界面如图6-1所示。Multisim 的菜单栏如图 6-2 所示。

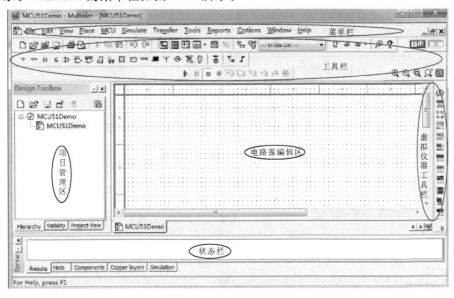

图 6-1　Multisim 用户界面

(1)菜单栏和主工具栏。用于查找所有命令。

(2)标准工具栏。含有常用的功能命令按钮。

(3)元器件工具栏。从数据库中选择、放置元器件到原理图的按钮。

(4)虚拟仪器工具栏。提供所有仪器仪表按钮。

(5)项目管理器。操作设计项目中的不同类型文件，也用于原理图层次的显示和隐藏。

(6)电路图编辑区。工作区，设计人员设计电路的区域。

图 6-2　Multisim 菜单栏

(7)状态栏。显示编辑元器件的参数。

其中的 Options 菜单下的 Global Preferences 和 Sheet Properties 在编辑电路

图时可进行用户个性化界面设置。

另外，Multisim 提供了多个工具栏方便用户的操作，分别是标准工具栏、显示工具栏、主工具栏、元件工具栏、虚拟仪器工具栏、仿真工具栏。其中，标准工具栏、显示工具栏和主工具栏按钮及功能介绍分别见表 6－1、表 6－2、表 6－3。

表 6－1　标准工具栏

标准工具栏	按钮	功能
New		新建一个文件
Open		打开一个文件
Open a Sample design		打开一个设计实例
Save File		保存文件
Print Circuit		直接打印电路图
Print Preview		打印预览
Cut		剪切选中元件
Copy		复制选中元件
Paste		粘贴元件
Undo		撤销操作
Redo		还原操作

表 6－2　显示工具栏

显示工具栏	按钮	功能
Increase Zoom		放大显示
Decrease Zoom		缩小显示
Zoom to Selected area		缩放区域
Zoom Fit to Page		缩放页面
Toggle Full Screen		全屏显示

表 6 - 3　主工具栏

主工具栏	按钮	功能
Show or Hide Design Toolbar		显示或隐藏设计工具窗口
Show or Hide Spreadsheet Bar		显示或隐藏数据表格窗口
SPICE Netlist Export		查看电路 SPICE 网表
Grapher/Analysis List		图形分析视窗/分析方法列表
Postprocessor		后期处理
Go to Parent Area		跳转到母电路图
Create Component		元器件向导:创建一个新元件
Database Manager		打开数据库管理器
In Use List	---- 在用列表 ----	正在使用的元件列表
Electrical Rules Checking		电气规则检查
Back Annotate form Ultiboard		修改 Ultiboard 注释文件
Forward Annotate to Ultiboard		创建 Ultiboard 注释文件
Help		帮助

部分按钮对应的快捷键见表 6 - 4。

表 6 - 4　部分按钮对应的快捷键

名称	快捷键	名称	快捷键
新建	Ctrl+N	撤销	Ctrl+Z
打开文件	Ctrl+O	还原	Ctrl+Y
保存	Ctrl+S	放大	F8
剪切	Ctrl+X	缩小	F9
复制	Ctrl+C	区域放大	F10
粘贴	Ctrl+V	本页显示	F7

6.1.2 Multisim 电路仿真实例

Multisim 仿真的基本步骤:建立电路文件→放置元器件和仪表→元器件编辑→连线→调整→电路仿真→输出分析结果。

1. 建立电路文件

具体建立电路文件的方法有 4 种。

(1)打开 Multisim 时自动打开空白电路文件 Circuit1,保存时可以重新命名。

(2)利用菜单 File/New。

(3)利用工具栏 New 按钮。

(4)利用快捷键 Ctrl+N。

2. 放置元件和仪表

Multisim 的元件数据库有:主元件库(Master Database),用户元件库(User Database),合作元件库(Corporate Database),后两个库由用户或合作人创建,新安装的 Multisim 中这两个数据库是空的。

放置元器件的方法有 4 种。

(1)利用菜单 Place Component。

(2)利用元件工具栏 Place/Component。

(3)利用在绘图区右击,利用弹出菜单放置。

(4)利用快捷键 Ctrl+W。

放置各类元件的工具栏按钮及介绍功能见表 6-5。

表 6-5 元件工具栏

元件工具栏	按钮	功能	分类
Place Source	⏚	放置电源	电源、电压源、电流源、控制模块、受控电压/电流源等
Place Basic	⏦	放置基本元件	电阻、电位器、阻排、(电解/可变)电容、(可变)电感、变压器、开关、插座、连接器、继电器、基本虚拟器件、额定虚拟器件,等
Place Diode	⏀	放置二极管	虚拟二极管、普通二极管、发光二极管、整流桥、齐纳二极管、双向开关二极管、变容二极管等

元件工具栏	按钮	功能	分类
Place Transistor		放置晶体管	虚拟晶体管、NPN/PNP 晶体管、达林顿管、MOS 管、MOSFET、热效应管等
Place Analog		放置模拟集成元件	模拟虚拟器件、运算放大器、比较器等
Place TTL		放置 TTL 器件	74STD 系列、74LS 系列
Place CMOS		放置 COMS 器件	根据电压大小分类
Place Misc Digital		放置数字元件	TTL 系列、VHDL 系列、VERILOG_HDL 系列
Place Mixed		放置混合元件	虚拟混合器件、定时器、A/D、D/A、模拟开关
Place Indicator		放置指示器件	电压/流表、探测器、蜂鸣器、灯泡、十六进制计数器、条形光柱
Place Power Component		放置电源器件	保险丝、稳压器、电压抑制、隔离电源
Place Miscellaneous	MISC	放置混杂器件	传感器、晶振、电子管、滤波器、MOS 驱动
Place RF		放置射频元件	射频电容(电感、晶体管)等
Place Electromechanical		放置电气元件	瞬时开关、感测开关、(附加/定时)触电开关、线圈、继电器、变压器、保护装置、输出装置
Place MCU Module		放置 MCU 模型图	8051、PIC16、RAM、ROM
Place Advanced Peripherals		放置高级外围设备	键盘、LCD、终端显示模型
Place Bus		放置总线	总线

放置仪表可以点击虚拟仪器工具栏相应按钮,或者使用菜单方式。如果要修改某仪器、仪表的属性,双击该仪器、仪表进行相应设置即可。虚拟仪器工具栏如图 6-3 所示。

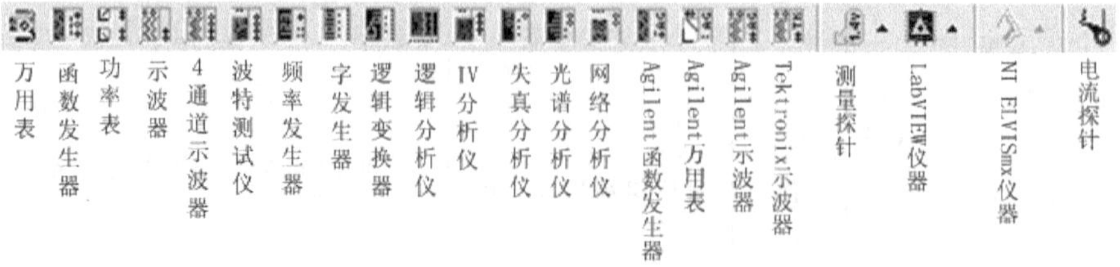

万用表　函数发生器　功率表　示波器　4通道示波器　波特测试仪　频率发生器　字发生器　逻辑变换器　逻辑分析仪　IV 分析仪　失真分析仪　光谱分析仪　网络分析仪　Agilent 函数发生器　Agilent 万用表　Agilent 示波器　Tektronix 示波器　测量探针　LabVIEW 仪器　NI ELVISmx 仪器　电流探针

图 6-3　虚拟仪器工具栏

3.元器件编辑

1)元器件参数设置

双击元器件,弹出相关对话框,选项卡包括:

(1)Label:标签,Refdes 编号,由系统自动分配,可以修改,但须保证编号唯一性。

(2)Display:显示。

(3)Value:数值。

(4)Fault:故障设 0 置,Leakage 漏电;Short 短路;Open 开路;None 无故障(默认)。

(5)Pins:引脚,各引脚编号、类型、电气状态。

2)元器件向导(Component Wizard)

对特殊要求,可以用元器件向导编辑自己的元器件,一般是在已有元器件基础上进行编辑和修改。方法是:菜单 Tools/ Component Wizard,按照规定步骤编辑,用元器件向导编辑生成的元器件放置在 User Database(用户数据库)中。

4.连线

自动连线:单击起始引脚,鼠标指针变为"十"字形,移动鼠标至目标引脚或导线,单击则连线完成,当导线连接后呈现丁字交叉时,系统自动在交叉点放节点(Junction)。

手动连线:单击起始引脚,鼠标指针变为"十"字形后,在需要拐弯处单击,可以固定连线的拐弯点,从而设定连线路径。

关于交叉点,Multisim10 默认丁字交叉为导通,十字交叉为不导通,对于十字交叉而希望导通的情况,可以分段连线,即先连接起点到交叉点,然后连接交叉点到终点;也可以在已有连线上增加一个节点(Junction),从该节点引出新的连线,添加节点可以使用菜单 Place/Junction,或者使用快捷键 Ctrl+J。

5.调整

调整位置:单击选定元件,移动至合适位置。

改变标号:双击进入属性对话框更改。

显示节点编号以方便仿真结果输出。打开菜单 Options/Sheet Properties/
Circuit/Net Names,选择 Show All 命令项。

导线和节点删除:右击/Delete,或者点击选中,按键盘 Delete 键。

如图 6-4 所示是调整后并显示节点编号的单管共射放大电路图。

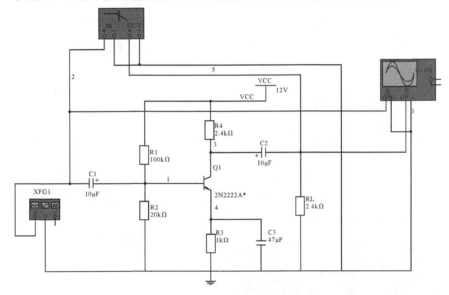

图 6-4 显示节点编号后的电路图

6.电路仿真

电路仿真的基本方法如下:

(1)按下仿真开关,电路开始工作,Multisim 界面的状态栏右端出现仿真状态
指示。

(2)双击虚拟仪器,进行仪器设置,获得仿真结果。

仿真工具栏的内容详见表 6-6。

表 6-6　仿真工具栏

仿真工具栏	按钮	功能
Run/Resume Simulation	▶	仿真运行（快捷键 F5）
Pause Simulation	❚❚	暂停运行（快捷键 F6）
Stop Simulation	■	停止运行
Pause Simulation at next MCU Instruction boundary	⬣	下一个 MCU 分界指令暂停
Step into		单步执行进入
Step over		单步执行越过
Step out		单步执行跳出
Run to cursor		跳转到光标处
Toggle Breakpoint		断点锁定
Remove all Breakpoint		解除断点锁定

　　如图 6-5 所示是示波器界面，双击示波器进行仪器设置，可以点击 Reverse 按钮将其背景反色以便观察，使用两个测量标尺，显示区给出对应时间及该时间的电压波形幅值，也可以用测量标尺测量信号周期。

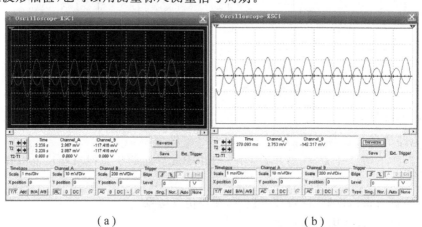

（a）　　　　　　　　　　　　　　（b）

图 6-5　示波器界面

(a)示波器显示界面；(b)示波器背景反色显示界面

7. 输出分析结果

使用菜单命令 Simulate/Analyses,对电路的静态工作点分析并输出结果,步骤如下:

(1)按菜单 Simulate/Analyses/DC Operating Point 操作,静态工作点分析窗口如图 6-6 所示。

(2)选择输出节点 1、4、5,点击 ADD→Simulate,结果如图 6-7 所示。

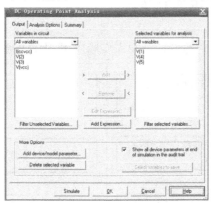

图 6-6 静态工作点分析窗口

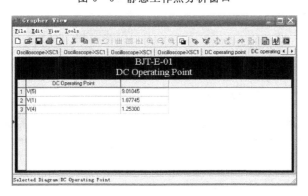

图 6-7 静态工作点分析输出结果

6.2 Protel 99 SE 设计软件简介

Protel 是目前国内普及率最高的 EDA 软件之一,也是世界上第一套将 EDA 环境引入 Windows 环境的 EDA 软件。其中,Protel 99SE 是 PROTEL 家族中目前最稳定的版本,功能强大,它可以进行原理图设计、印制电路设计、层次原理图设计、报表制作、电路仿真，以及逻辑器件设计等功能，同时采用 ＊.DDB 数据库格式保存文件，所有同一工程相关的 SCH、PCB 等文件都可以在同一 ＊.DDB 数据库中并存，非常科学，利于集体开发和文件的有效管理。它还有一个优点就是自动布线引擎很强大，足以满足初学者的需求。3D 功能在加工印制板之前可以看到电路板的三维效果。

6.2.1　Protel 99 SE 设计流程

一个完整的电路从它的设计到投入实际应用，大概的流程如图 6－8 所示。

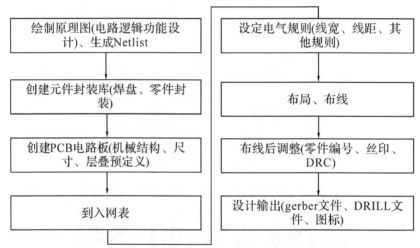

图 6－8　Protel 99 SE 的设计流程

以上流程都是通过 Protel 这款 EDA 软件实现的。首先从整体上大致地了解一下这个软件，包括它的绘图环境、文件管理以及环境变量设置等基本情况。

6.2.2　新建设计数据库文件

启动 Protel 99 SE 后，如果是第一次允许将直接出现如图 6－9 所示的开机界面，可通过单击 File 菜单上的 New 命令新建一个工程，如图 6－10 所示。如果不是第一次运行，同时又希望新建一个设计数据库（工程），也可通过单击 File 菜单上的 New Design 命令调出工程保存窗口。

在 Database File Na 框中可以自定义工程名称，扩展名为.ddb。

在 Database Location 框中可以选择 Browse，对工程存储路径进行修改。

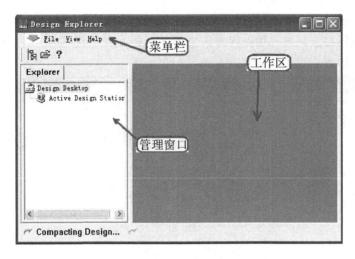

图 6 - 9　Protel 的开机界面

图 6 - 10　Protel 工程保存窗口

Protel 工程的保存方式 Design Storage T 有两种。

（1）MS Access Database 方式。设计过程中的全部文件都存储在单一的数据库中，同原来的 Protel 99 文件方式一样，即所有的原理图、PCB 文件、网络表、材料清单等等都存在一个.ddb 文件中，在资源管理器中只能看到唯一的.ddb 文件。

（2）Windows File System 方式。在对话框底部指定的硬盘位置建立一个设计数据库的文件夹，所有文件被自动保存在文件夹中，可以直接在资源管理器中对数据库中的设计文件如原理图、PCB 等进行复制、粘贴等操作。

注：这种设计数据库的存储类型方便在硬盘对数据库内部的文件进行操作，但

不支持 Design Team 特性。

一般我们会选择第一种保存方式来建立新的工程项目,如图 6 - 11 所示的界面是用第一种方式建立的文件。

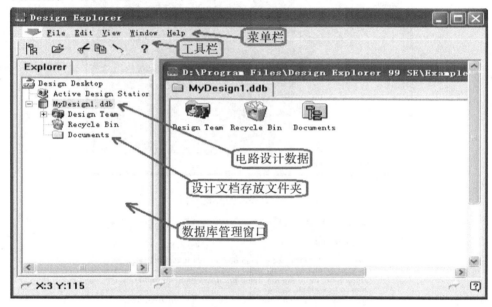

图 6 - 11　新建设计数据库界面

1. 设计组(Design Team)

我们可以先在 Design Team 中设定设计小组成员,Protel 99 SE 可在一个设计组中进行协同设计,所有设计数据库和设计组特性都由设计组控制。定义组成员和设置他们的访问权限都在设计管理器中进行,确定其网络类型和网络专家独立性不需要求助于网络管理员。

为保证设计安全,为管理组成员设置一个口令。这样如果没有注册名字和口令就不能打开设计数据库。

注意:成员和成员权限只能由管理员建立。

2. 回收站(Recycle Bin)

相当于 Windows 中的回收站,所有在设计数据库中删除的文件均保存在回收站中,可以找回由于误操作而删除的文件。

3. 设计管理器(Documents)

所有 Protel 99 SE 设计文件,也就是原理图文件. Sch、印制电路板文件. PCB、元器件自定义库文件. Lib 都存储在 Documents 文件夹下,都被储存在唯一的综合设计数据库中,并显示在唯一的综合设计编辑窗口中。在 Protel 99 SE 中,与设计的接口叫设计管理器。使用设计管理器,可以进行对设计文件的管理编辑、设置设计组的访问权限和监视对设计文件的访问。

设计管理器的心脏就是左边的导航面板。面板显示的树状结构是大家熟悉的 Protel 软件特性。在 Protel 99 SE 中,这个树不仅仅显示的是一个原理图方案各文件间的逻辑关系,它也显示了在设计数据库中文件的物理结构。

6.2.3 新建文件

通过 File 菜单上的 New 命令调出如图 6-12 所示的窗口来建立各文件,也可在工程文件夹的空白处右击鼠标来选择。

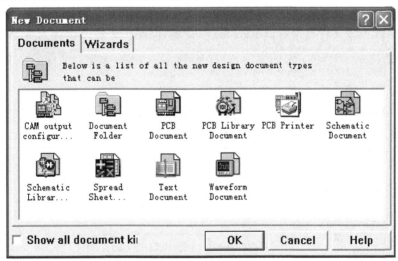

图 6-12 新建文件界面

图 6-12 中的各图标按顺序依次表示的含义如下:

CAM output configuration——生成 CAM 制造输出文件,可以连接电路图和电路板的生产制造各个阶段。

Document Folder——建立设计文挡或文件夹。

PCB Document——印制电路板设计编辑器。

PCB Library Document——印制电路板元件封装编辑器。

PCB Printer——印制电路板打印编辑器。

Schematic Document——原理图设计编辑器。

Schematic Library Document——原理图元件编辑器。

Spread Sheet Document——表格处理编辑器。

Text Document——文字处理编辑器。

Waveform Document——波形处理编辑器。

6.2.4 电路原理图设计

电路原理图的设计是整个电路设计的基础。设计电路原理图一般需要以下几个步骤。

（1）首先要先建立一个原理图.Sch 文件。在图 6-12 中双击 Schematic Document——原理图设计编辑器图标，或者选中后点 OK 按钮，即可新建一个原理图.Sch 文件，如图 6-13 所示，然后双击该文件的图标启动原理图编辑器，如图 6-14 所示。

如果要对新建的原理图文件自定义名称，可以在新建的时候顺便重命名，也可以新建后选中该文件点击右键 Rename 重命名，但是扩展名.Sch 不可变动。

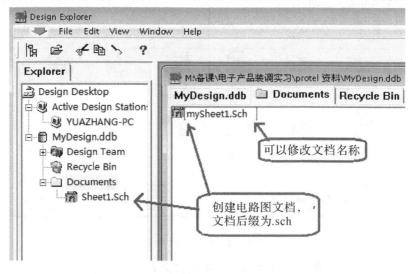

图 6-13　新建原理图文件

在开始进行电路原理图设计之前，我们会根据需要对工作图纸以及工作区的字体、网格、光标等参数进行设置，在菜单 Design→Option... 和 Tools→Perferences…中进行。

执行 Design→Option 命令，即可打开"Documents Options"对话框，如图 6-15所示。在该对话框中可以对图纸大小、方向、标题栏及图纸网格、系统字体、文档组织形式等进行设置。

执行 Tools→Preferences 命令，即可打开"Preferences"对话框，如图 6-16 所

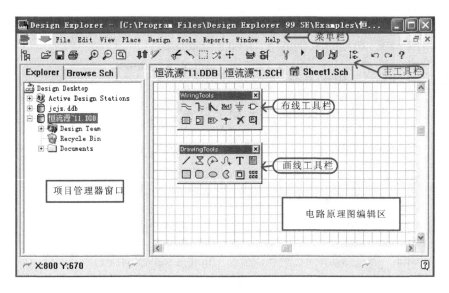

图 6-14　原理图编辑器

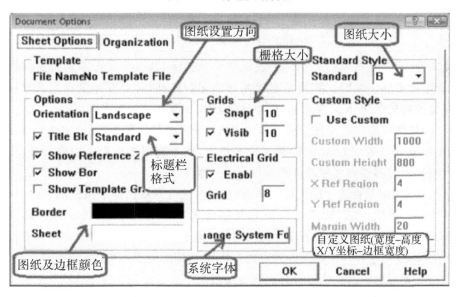

图 6-15　设置图纸

示。在该对话框中可以对光标及栅格的类型、颜色进行设置。

注意：栅格、光标、边框的颜色等通用属性不重新设置，一般按照默认即可。

（2）添加元件库。在项目管理器窗口中的 Browse Sch→Browse 的下拉菜单中选择 Libraries，然后点击左下侧的 Add/Remove 按钮，Protel 自带有相当数量

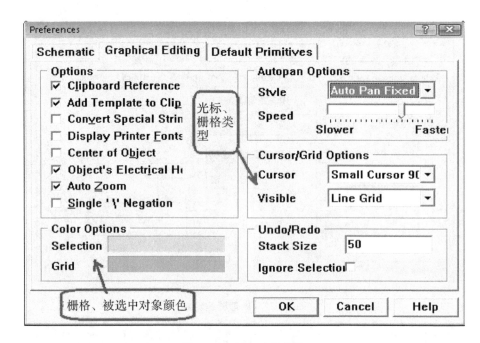

图 6-16   设置光标栅格

的库文件(. ddb),可以在 Protel 安装根目录中选择 Library 文件添加所需的原理图(Sch)库文件(. ddb)。如果是自己制作的元器件,则需要选择该自定义元器件所存储的数据库.ddb 文件路径,再将该数据库.ddb 文件添加上即可。

(3)放置所需要的元件。从元件库中选择所需要的元件放置(选中该元件并点击 Place 按钮或者双击该元件)到工作图纸上,或者在图纸空白处右键选择 Place Part 后输入元器件的名称即可添加相应的元器件。

注意:Filte 是在选中的元件库中进行查找,它可以对已知字段过滤,未知字段用 * 代替。例如,我们知道电解电容是字母 E 开头,并且在 Miscellaneous Devices. lib 中,因此可以选中该库,并在 Filte 中输入 E * ,即可搜出该库中所有以 E 开头的元器件,这样可以缩短查找时间。Filte 功能的使用如图 6-17 所示。

Edit 是对选中的元件进行再次修改编辑。

Place 是对选中的元件进行放置,或者双击选中的元件也可实现放置。

Find 是在硬盘上通过关键字(一般是该元件型号,例如 74LS00)搜索元件。

完成对电路中所有元件的查找和放置后,就可以在图纸上根据实际情况对元件的位置和方向进行调整、修改(在元件悬浮状态下,敲击空格、X、Y 键均可实现方向的改变),并对元件的编号、封装进行定义(双击该元件设置元件属性),元件属性对话框如图 6-18 所示。

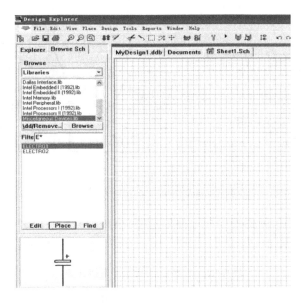

图 6-17　Filte 功能的使用

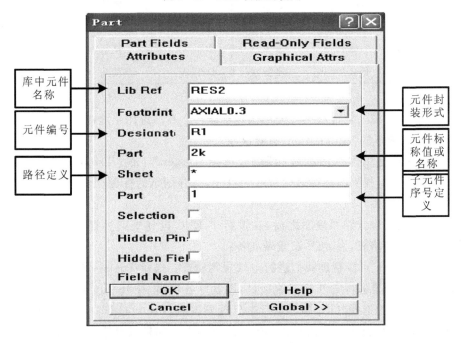

图 6-18　元件属性对话框

（4）对所放置的元器件进行布线布局。利用各种工具栏中的指令进行布线布局，选择工具栏中具有电气意义的导线、符号连接起来，构成一个完整的电路原理图。常用原理图工具栏如图 6-19 所示。

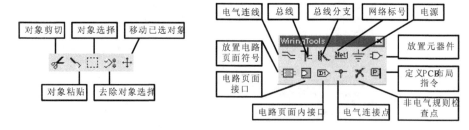

图 6-19　常用原理图工具栏
(a)对象处理工具栏；(b)电气处理工具栏

在设计原理图编辑器中绘制电路原理图，会用到一些快捷键，以提高我们的编辑速度，快捷键见表 6-7。

表 6-7　原理图编辑器常用快捷键

名称	作用	名称	作用
PageUp	放大	Space	旋转
PageDown	缩小	Ctrl - X	剪切
Home	居中	Ctrl - C	复制
End	刷新	Ctrl - V	粘贴

(5)在原理图上标注汉字或使用国标标题栏。在原理图上放汉字，可以直接点击"Place"选项下的"Annotation"放置汉字。

如果想要使用国标图纸做标题栏，选择"Design"下的"Template"里的"Set Template File"，找到国标标题栏所在的目录，打开图纸的标题栏将被切换为国标形式。

(6)当我们设计好原理图之后，在进行了 ERC 电气规则检查，检测正确无误后，就要生成网络表，为 PCB 布线做准备。

Protel99 SE 可以帮助我们进行电气规则检查。选择 Tools→ERC…，在"Rule Matrix"中选择要进行电气检查的项目，设置好各项后，在"Setup Electrical Rlues Check"对话框上选择"OK"即可运行电气规则检查，Protel99 SE 会为我们创建一个.ERC 的文件，其中会指出有关的电气规则错误。如果没有错误，接下来的工作就是创建电路原理图的网表文件了；如果有错误，需要改正错误之后，重复以上过程。ERC 检查结果将被显示到图 6-20 所示的界面上。

在具体设计的过程中还需要注意以下几个细节。

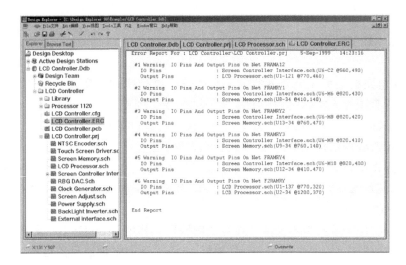

图 6 – 20　ERC 检测结果界面

(1)图纸的编辑——在 Design – Options...中选择合适的纸张大小,以便打印输出使用,同时该窗口还可以对纸张的栅格、字符、颜色等参数进行设置。

(2)装载元件库——在电路图中放置元件之前,必须先将该元件所在的元件库载入项目管理器才行,否则无法放置元件。

(3)元件的编辑——包括它在元件库中所定义的元件名称、元件封装形式、元件在电路图中的序号等。

(4)使用鼠标左键单击选中的元件与选取是不同的,单击元件后仅仅是选中元件,被选中的元件周围出现黑色虚框,而用选取的方法选中的元件周围出现的是黄色实框。

(5)进行表 6 – 7 中最后三个操作前,必须用鼠标或者 select 命令选取该元件。

6.2.5　网络表的生成

网络表生成非常容易,只要在电路原理图编辑器的菜单项"Design"下选取"Create Netlist...",选择需要生成网络表的原理图文件进行设置即可,如果电气规则正确,元件封装指定无误,Protel99 SE 在 Documents 文件夹下会创建电路网表文件.NET 文件。

网络表.NET 文件是联系.Sch 文件和.PCB 文件的中间文件,.Sch 文件生成.NET 文件,.PCB 文件布线需要.NET 文件。网络表生成后,就可以进行 PCB 设计了。

6.2.6　PCB 设计

印制电路板是将各个分离的电子元件通过焊接调试后实现一定功能的电路板,是将原理图投入实际使用所必须进行的步骤。因此,设计 PCB 板时所要考虑的因素比较多。PCB 中的基本概念和需要注意的有以下几点。

(1)印制板的结构。单面板、双面板和多面板。

(2)元件的封装。元件焊接到电路板时的外观和焊盘位置。焊盘的位置和大小必须和实际元件完全对应。注意:所有 PCB 板以及它里面的元件和位置与实际尺寸都是 1∶1 的。

(3)层。印制板材料本身实实在在的铜箔层。利用 Protel99 SE 设计 PCB 板,信号层可达到 32 个,地电层 16 个,机械层 16 个。我们增加层只需运行\\Design\ layer stack manager 功能菜单,就可以看到被增加层的位置,如图 6-21 所示。

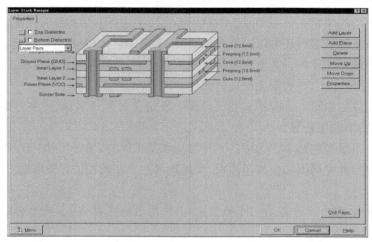

图 6-21　PCB 层编辑界面

6.2.7　PCB 板的设计步骤

设计 PCB 板图一般需要以下几个步骤。

1. 建立一个.PCB 文件

当绘制好电路图并生成网络表后,在菜单栏点击"File→New"之后,就会调出新建文件向导界面,双击 PCB Document——PCB 图设计编辑器图标,新建一个.PCB 文件即可,新建 PCB 文件如图 6-22 所示。

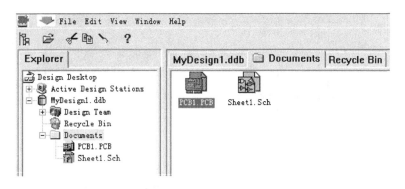

图 6 - 22　新建 PCB 文件

双击图 6 - 22 中新建的.PCB 文件图标,启动 PCB 编辑器如图 6 - 23 所示。

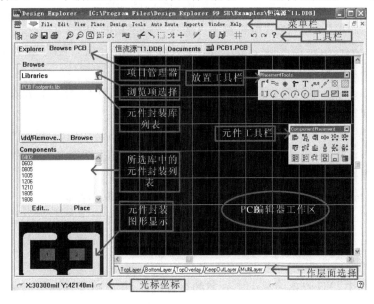

图 6 - 23　印制板编辑器界面

2. 规划电路板

首先通过菜单 Design→Options 和菜单 Tools→Preferences,设置 PCB 编辑器的工作参数,然后根据原理图和实际安装位置确定电路板的物理尺寸。

(1)借助板边框导航来画边框。选择"File→New Documents→Wizards",如图 6 - 24 所示,再选取"Printed Circuit Board Wizard",点击"OK"按钮即可,按照显示对话框的每一步提示完成板边框设计。

(2)手工绘制边框。在 PCB 编辑器中选择 KeepOutLayer 层,按照实际尺寸

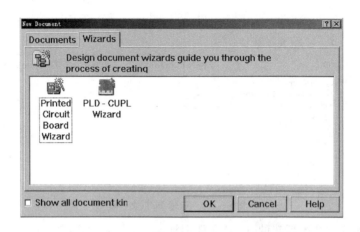

图 6 - 24　画印制板边框向导画面

进行手工绘制板边框。PCB 编辑器下方的各个板层功能如下：

Top Layer(顶层信号层)/Bottom Layer(底层信号层)：用于放置元器件和导线。

Mechanical Layer(机械层)：用于放置有关制板和装配方法的信息。例如标示 PCB 板的尺寸、便捷标志等。

Top Overlay(顶层丝印层)/Bottom Overlay(底层丝印层)：为方便电路的安装和维修等，在印刷板的上下两表面印刷上所需要的标志图案和文字代号等，例如元件标号和标称值、元件外廓形状。

KeepOut Layer(禁止布线层)：用于定义放置元件和布线区域的。

MultiLayer(多层)：多层代表信号层，任何放置在多层上的元件会自动添加到所连信号层上，所以可以通过多层，将焊盘或过孔快速地放置到信号层上。

3. 添加封装库

根据 PCB 设计流程中给大家介绍的设计流程，在电路原理图生成电路网表之后，创建 PCB 电路板之前，应该准备好元器件封装库。一般地，Protel99 SE 中已经创建好很多常见的元器件封装，我们可以直接使用。

添加常用元器件封装库可使用 PCB 编辑器的管理窗口中 Add/Remove 按钮，也就是在 Browse Sch→Browse 下拉菜单中选择 Libraries，然后点击左下侧的 Add/Remove 按钮，可以在 Protel 安装根目录中选择 Library 文件，添加所需的 PCB 文件夹中相应的库文件。

如果是自己制作的元器件封装，则需要选择该自定义元器件所存储的数据库.ddb 文件路径，再将该数据库.ddb 文件添加上即可。

4. 导入网络表

在 PCB 中导入网络表比较容易，在原理图中经过 Design→Create Netlist 生成的网络表存放在 Documents 文件夹下，应记住网络表的存储路径和名称；在 PCB 中的 KeepOutlayer 层画好板子形状后再点击 Design→Netlist，根据路径名称导入相关网络表即可。

5. 调整元件的布局

布线的关键是布局，多数设计者采用手动布局的形式。"Room"定义规则，可以将指定元件放到指定区域。Protel99 SE 在布局方面新增加了一些技巧。新的交互式布局选项包含自动选择和自动对齐。使用自动选择方式可以很快地收集相似封装的元件，然后旋转、展开和整理成组，就可以移动到板上所需的位置上了。当简易的布局完成后，使用自动对齐方式整齐地展开或缩紧一组封装相似的元件。

新增动态长度分析器。在元件移动的过程中，不断地对基于连接长度的布局质量进行评估，并用绿色（强）和红色（弱）表示布局质量。

提示：打开布局工具条，可展开和缩紧选定组件的 X、Y 方向，使选中的元件对齐。

6. 布线

在布线之前先要设置布线方式和布线规则。Protel99 SE 有三种布线方式：忽略障碍布线（Ignore obstacle）、避免障碍布线（Avoid obstacle）以及推挤布线（Push obstacle）。可以根据需要选用不同的布线方式，在"Tools→Preferences"优选项中选择不同的布线方式，如图 6-25 所示，也可以使用"SHIFT＋R"快捷键在三种方式之间切换。

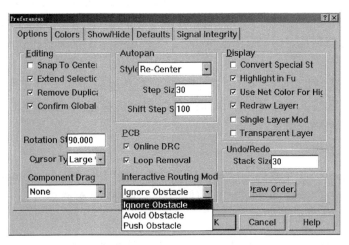

图 6-25　布线属性对话框

接着选择布线规则,在"Design"下选择"Rules"对话框,选择不同网络布线的线宽、布线方式、布线的层数、安全间距、过孔大小等。有了布线规则,就可进行自动布线或手动布线了。

(1)自动布线。选择"Auto Route"菜单,Protel99 SE 支持多种布线方式,可以对全板自动布线,也可以对某个网络、某个元件布线,也可手动布线。

(2)手动布线。可以直接点击鼠标右键下拉菜单"Place Track",按鼠标左键一下确定布线的开始点,按"BackSpace"取消刚才画的走线,双击鼠标左键确定这条走线,按"ESC"退出布线状态。用"Shift"加空格键可以切换布线形式,在 45°、90°弧形布线等方式之间切换。

7.手工调整

Protel99 SE 提供了很好的在线检查工具"Online DRC",可以随时检查布线错误(在工具菜单 Tools 的优选项 Preferences 中进行勾选)。如果修改一条导线,只需手动重画一条线,确定后,原来的导线就会自动被删除。

8.电气规则检查

当一块线路板已经设计好,我们要检查布线是否有错误,Protel99 SE 提供了很好的检查工具"DRC"自动规则检查。只要运行"Tools→Design Rlue Check",计算机会自动将检查结果列出来。

9.信号完整性分析

当 PCB 设计变得更复杂,具有更高的时钟速度、更高的器件开关速度以及高密度,在设计加工前进行信号的完整性分析变得尤为重要。

Protel99 SE 包含一个高级的信号完整性仿真器,它能分析 PCB 设计和检查设计参数的功能,测试过冲、下冲、阻抗和信号斜率要求。如果 PCB 板任何一个设计要求(设计规则指定的)有问题,可以从 PCB 运行一个反射或串扰分析,以确切地查看其情况。

信号完整性仿真使用线路的特性阻抗、通过传输线计算、I/O 缓冲器宏模型信息,做为仿真的输入。它是基于快速的反射和串扰模拟器,采用经工业证实的算法,产生非常精确的仿真。

10.打印预览

在 Protel99 SE 中我们可以观看打印效果,通过 File→Print→Preview 控制打印参数,修改打印结果,可以在打印预览中任意添加层或删除层。

11.3D 显示

点击 VIEW-Board in 3D 选项,可以看到设计板的三维图形,并且可以任意旋转、隐藏元件或字符等操作,如图 6-26 所示。

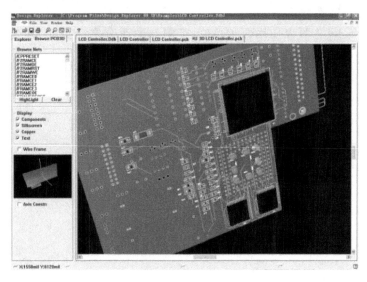

图 6-26　印制电路板 3D 显示图画面

6.2.8　PCB 设计的基本原则

从 PCB 的设计步骤也可看出,它的设计相比原理图设计更加复杂,PCB 板设计的好坏对电路板抗干扰能力影响很大,因此在进行 PCB 设计时,必须遵守 PCB 设计的一般原则,并应符合抗干扰设计的要求。要使电子电路获得最佳性能,元件的布局及导线的布设是很重要的。为了设计质量好、造价低的 PCB,应遵循下面的一般原则。

(1)PCB 板的尺寸大小要合适,尺寸过大时,印制线路长,阻抗增加,抗噪声能力下降,成本也增;过小,则散热不好,且邻近导线容易受干扰。

(2)根据电路的功能单元对电路的全部元件进行布局。

(3)布线原则。输入和输出的导线应尽量避免相邻平行;导线的宽度主要由导线与绝缘基板间的黏附强度和流过它们的电流值决定;导线拐弯一般取圆弧形。

(4)焊盘大小。比器件引线直径稍大一些。

(5)电源线的设计。尽量加粗电源线的宽度,减少环路电阻。

(6)地线设计。数字地与模拟地分开,接地线应尽量加粗,接地线构成闭环路。

(7)各元件之间的接线原则。印制电路中不允许有交叉电路;同一级电路的接地点应尽量靠近;总地线必须严格按照高频→中频→低频逐级按由弱电到强电的顺序排列原则；强电流引线应尽可能宽些；阻抗高的走线尽量短；IC 座上的定位槽放置的方位一定要正确。

　　注意：Protel 中可以使用两种单位，英制 mil（千分之一英寸）和公制 mm（毫米）；1 mil＝0.0254 mm，可通过字母键 Q 进行切换。